DELIUS KLASING

Jürgen Lewandowski

Mercedes

Typen und Geschichte

Delius Klasing Verlag

Der Autor:

Jürgen Lewandowski, 1950 geboren, war nach seinem Studium und Lehrjahren bei *Auto, Motor und Sport* sowie *hobby* von 1979 bis 2000 Ressortleiter »Auto und Verkehr« bei der *Süddeutschen Zeitung* in München. Seitdem arbeitet er als Berater und Autor für mehrere Verlage und Publikationen. In seiner Freizeit beschäftigt er sich mit der Automobil-Historie, wobei ihm seine engen Verbindungen zu Automobil-Museen und Sammlern weltweit helfen. Im Lauf der vergangenen 20 Jahre hat Jürgen Lewandowski bereits mehr als 50 Bücher zu den Themen Geschichte des Automobils und Entwicklung von Fahrzeugmodellen geschrieben und veröffentlicht.

Bibliografische Information Der Deutschen Bibliothek

Die Deutsche Bibliothek verzeichnet diese Publikation in der Deutschen Nationalbibliografie; detaillierte bibliografische Daten sind im Internet über »http://dnb.ddb.de« abrufbar.

1. Auflage
ISBN 3-7688-1534-X

Redaktionelle Mitarbeit: Monika Lewandowski
Bildnachweis: Alle Abbildungen stammen von der DaimlerChrysler AG
Abbildungen auf dem Einband: Mercedes SLR (vorne); hinten: Typ 500 K »Special Roadster«, Mercedes 300 SL »Flügeltürer, Maybach, smart forfour
Einbandgestaltung: Ekkehard Schonart
Druck: Koelblin-Fortuna-Druck GmbH & Co. KG
Printed in Germany 2004

Delius Klasing Verlag, Siekerwall 21, D-33602 Bielefeld
Tel.: 0521/559-0, Fax: 0521/559-115
E-Mail: info@delius-klasing.de
www.delius-klasing.de

Inhalt

Der alte Wunsch des Menschen nach Mobilität

Wie der Mensch auf den Motor und das Auto kam, und wie es Gottlieb Daimler und Karl Benz zum Laufen brachten

Homer hat – in der Ilias – erstmals den Wunsch des Menschen nach einem sich selbst bewegenden Fahrzeug geäußert. Bestimmt haben die Menschen vor ihm auch schon mit ähnlichen Gedanken gespielt; dem griechischen Meister sollte es aber vorbehalten bleiben, diese Idee zu verewigen.

Wie lange hat es seitdem gedauert, bis dieser Wunsch zur Selbstverständlichkeit wurde – und wie kurz war die Spanne, in der die Ingenieure aus den ersten Ansätzen zu einem erstaunlichen Maß an Vervollkommnung gelangten. Nur wenig mehr als 100 Jahre haben genügt, um aus Gefährten, die den Pferdefuhrwerken kaum Konkurrenz zu bieten schienen, das Massenverkehrsmittel unserer Tage zu machen.

Nach Homer dauerte es dann wieder etliche Jahrhunderte, bis im 13. Jahrhundert ein englischer Mönch namens Roger Bacon die Idee eines selbstfahrenden Gefährts äußerte – und zwar, wie es der Jubiläumsbericht der Daimler-Benz AG im Jahre 1961 ausdrücklich bekräftigt: »...undefiniert und spekulativ, jedoch unter dem nachdrücklichen Hinweis, daß er magische Vorstellungen ablehne.«

Dann kam der Umschwung: Die Renaissance ließ eine mathematisch-naturwissenschaftliche Epoche heranreifen, Italien erlebte eine Blüte – Genies wie Leonardo da Vinci und Galileo Galilei veränderten das Weltbild. Johannes Kepler entdeckte auf der Basis der Arbeiten von Tycho Brahe die

Gottlieb Daimler, der am 17. März 1834 im schwäbischen Schorndorf geboren wurde, ist einer der beiden Väter des Automobils.

Gesetze der Planetenbewegungen, und all diese aufregenden Erkenntnisse, die den Menschen ein neues Gefühl für die Gesetzmäßigkeiten des Alls, der Planeten, der Jahreszeiten und des täglichen Rhythmus vermittelten, wurden durch die Erfindung des Buchdrucks durch Johann Gutenberg in einem zuvor undenkbaren Ausmaß verbreitet.

1673 führte dann Christiaan Huygens, der große holländische Physiker und Mathematiker, den Vertretern der französischen Akademie der Wissenschaften seinen ersten Pulvermotor vor – die Idee dieses ersten »Explosions«-Motors verschwand aber wieder rasch von der Bühne, denn das Zeitalter der Dampfmaschinen hatte gerade begonnen.

Sie wurden hauptsächlich in den großen Bergwerken gebraucht, die in immer größerer Zahl die Kohle und die Erze für das heraufziehende Industriezeitalter fördern sollten – Mitte des 17. Jahrhunderts hatte sich eine eigene Industrie etabliert, die immer mehr Dampfmaschinen für eine stetig wachsende Industrie produzierte.

Damit war aber der Wunsch des Menschen nach einem individuellen Verkehrsmittel nicht gelöst – die Dampfmaschinen waren zu groß, zu schwer, zu behäbig. Natürlich gab es einzelne Versuche, so beispielsweise den dreirädrigen Dampfwagen des französischen Militäringenieurs Nicolas J. Cugnot, der (auch damals war der Krieg der Vater vieler Dinge) als Zugmaschine für Geschütze gedacht war. Viele Namen tauchten auf: James Watt hat sich mit dem Dampfwagen beschäftigt, William Murdock, Oliver Evans, Richard Trevithick – sie alle scheiterten letztlich an der Schwierigkeit, die schweren, ungeschlachten und leistungsschwachen Maschinen mit einem kleinen, handlichen Fahrgestell zu kombinieren.

So musste die Eisenbahn ihren Siegeszug beginnen, die Mechanik wurde verfeinert und zuverlässiger gemacht. Und so konnte dann später der Dampfwagen doch noch zu einer – zumindest in den Kindertagen der Motorisierung – Konkurrenz für den Verbrennungsmotor werden, die dieser dann jedoch sehr rasch und sehr souverän abschüttelte. Unter diesen Umständen ist es auch kein Wunder, dass etliche der Väter des Automobils Söhne von Lokomotivführern waren – und einer von ihnen war Karl Friedrich Benz.

Auch er war von der neuen Technik fasziniert. Benz sollte später in seinen Memoiren schreiben: »Auf der Lokomotive steht einer, dessen Jugendträume erfüllt sind. Stolz ist er darauf, daß man die Führung des neuen, eisernen Verkehrsriesen seinen Händen anvertraut hat. Auch ich bin stolz auf diesen Mann, der auf einer der ersten Lokomotiven Badens einer neuen Zeit entgegenfuhr, jener Zeit, die ein eisernes Schienennetz um den Erdball spannte – ich bin stolz auf ihn, denn er ist mein Vater.«

Karl Benz und seine Kinder: Richard, Thilde, Ellen, Klara und Eugen (v. l.) – die Aufnahme entstand 1894 auf dem Fabrikhof in Mannheim.

Doch noch war es nicht so weit – noch hatten Karl Benz und Gottlieb Daimler nicht den Schlüssel zum ersten Automobil gefunden. Bevor sich die beiden an die Vervollkommnung ihrer Ideen machten, mussten erst noch einige andere Männer ihre Ideen verwirklichen: Der Gasmotor musste erfunden und perfektioniert werden. William Murdock – der bereits erwähnte Mitarbeiter von James Watt – hatte schon sehr früh die Bedeutung des Leuchtgases erkannt und ließ sich bereits 1801 ein Patent für einen Gasmotor erteilen, das deswegen besonders bemerkenswert ist, weil es die Idee beinhaltet, Gas mit Luft zu komprimieren und die Explosion dann durch einen elektrischen Zündfunken auszulösen. Wellmann Wright erhielt 1833 ein Patent, bei dem erstmals auf die Zündung im oberen Totpunkt hingewiesen wurde. In Philadelphia arbeitete Alfred Drake 1843 an einem Leuchtgasmotor, wenige Jahre später war der Italiener Eugenio Barsanti an seinem Gasmotor tätig, den er zusammen mit Felice Matteucci 1856 bereits zu einem beachtlichen Reifegrad gebracht hatte. Und dennoch: Weder waren alle Motoren serienreif, noch konnten sie im harten Alltagsgeschäft bestehen.

Der erste Motor, der für einige Zeit industriell hergestellt wurde, war der Lenoir-Motor, dessen Patent – das am 24. Januar 1860 ausgestellt wurde – klar besagt: »In dieser atmosphärischen Maschine wird das Gas und die Luft durch die Kolbenbewegung selbst, ohne vorherige Mischung und ohne Pumpe, angesaugt.«

Die erste Werbung der »Benz & Co.-Rheinische Gasmotorenfabrik« versprach ein »absolut geräuschlos« arbeitendes Triebwerk.

Der erste Daimler-Einzylinder lief im Jahre 1883. Er leistete bei 900/min exakt eine Pferdestärke.

Natürlich zog es die Tüftler auch zum Lenoir-Motor. Es galt ihn zu verbessern, ihm den hohen Gasverbrauch und den reichlichen Bedarf an Schmiermitteln abzugewöhnen. Und nicht nur Techniker, sondern auch Laien versuchten sich an dieser Aufgabe. Einer von ihnen war Nikolaus August Otto, Handelsvertreter und Erbe eines kleinen Vermögens. 1860 begann er, den Lenoir-Motor auf flüssigen Kraftstoff umzustellen, 1863 hatte er den Motor bereits weiterentwickelt und ein Jahr später fand er in Eugen Langen einen finanzkräftigen Partner. 1866 wurde das erste preußische Patent für den Ottomotor erteilt, und im folgenden Jahr erhielt das Triebwerk auf der Weltausstellung in Paris eine goldene Medaille.

1872 wurde die »Gasmotorenfabrik Deutz AG« gegründet, die die Produktion der Motoren von der handwerklichen Ebene auf eine industrielle heben sollte. Dafür stellte man zwei Männer ein: Gottlieb Daimler als technischen Direktor und Wilhelm Maybach als Chefkonstrukteur. Mittlerweile war Konkurrenz aufgetaucht: Die Heißluftmotoren erreichten bis zu 8 PS Leistung, die Gasmotoren nur 3 PS – es war nur noch eine Frage der Zeit, bis der Marktanteil so weit zurückgegangen sein würde, dass das Unternehmen schließen musste. Otto begann zu grübeln und kam auf den Gedanken, dem bis dato üblichen Zweitakt-Verfahren den Verdichtungshub hinzuzufügen – 1876 lief der erste Viertaktmotor der Welt. Wilhelm Maybach trug entscheidend zur Perfektionierung der Konstruktion bei. 1877 wurde das Patent erteilt. Der »Otto«-Motor brachte den Durchbruch: Er war einfacher zu bauen und sparsamer als alle Konkurrenzmodelle. 1882 verließen Daimler und Maybach nach immer größer werdenden Meinungsverschiedenheiten die Gasmotorenfabrik Deutz. Weil Daimler einen lukrativen Vertrag mit Gewinnbeteiligung ausgehandelt hatte, konnte er sich endlich selbstständig machen.

Otto ging es weiterhin finanziell hervorragend, bis ihm das deutsche Reichsgericht am 30. Januar 1886 die Patente aberkannte, weil eine Schrift des französischen Eisenbahningenieurs Alphonse Beau de Rochas aufgetaucht war, in der Rochas bereits 1862 (nur in der Theorie und auf einem

Blatt Papier) die Wege zum Viertaktmotor aufgezeigt hatte. An diese Veröffentlichung war auch ein Patent geknüpft, für das sich aber niemand interessiert hatte – und das nach zwei Jahren 1864 verfallen war. Auch Otto hatte niemals etwas von diesem Patent gehört. Das Reichsgericht erkannte Beau de Rochas jedoch die Priorität zu, und damit durfte von diesem Moment an jeder (da das bis dato unbekannte Patent des Franzosen ja 1864 verfallen war) den Viertaktmotor bauen, ohne Lizenzgebühren an Nikolaus Otto (der ihn tatsächlich erfunden und zum Laufen gebracht hatte) zu zahlen. Nikolaus Otto sollte an diesem Urteil psychisch zerbrechen. Er starb unbeachtet im Jahre 1891.

Die französischen Pioniere, die gegen Ende des vorigen Jahrhunderts den Siegeszug des Automobils einleiteten, haben in ihrer Korrespondenz stets darauf hingewiesen, dass Gottlieb Daimler und Karl Benz die Schöpfer des funktionierenden Fahrzeugs gewesen seien. Zwar waren viele an der Entdeckung der Zusammenhänge beteiligt, aber auch diesen Pionieren fehlten zu oft noch Erkenntnisse, die geeigneten Materialien waren unbekannt, physikalische Zusammenhänge ungeklärt – zuweilen fehlte auch schlicht der richtige Gedanke zum richtigen Moment.

Daimler und Benz hatten hingegen, geprägt durch ihre Arbeit und durch die »richtigen« Kollegen, klar erkannt, wie der Weg zu beschreiten sei – und sie gingen ihn, ohne Ablenkung, ohne sich aus dem Tritt bringen zu lassen.

Gottlieb Daimler, der am 17. März 1834 als Sohn eines angesehenen Bäckermeisters in Schorndorf unweit von Stuttgart geboren wurde, besuchte die Schorndorfer Realschule, anschließend die Lateinschule, bevor er beim Büchsenmacher Raithel in die Lehre ging. Überall fiel seine naturwissenschaftliche Begabung auf, folglich besuchte Daimler die gewerbliche Fortbildungsschule in Stuttgart, die Gesellen mit abgeschlossener Ausbildung offen stand. Über den Direktor der Schule erhielt Daimler 1853 eine mit einem Stipendium verbundene Stelle bei einer Maschinenbauanstalt im Elsass. Drei Jahre später kehrte er nach Stuttgart zurück, um in der polytechnischen Schule Physik und Chemie, Maschinenbau und Geschichte, Volkswirtschaft und Englisch zu studieren. Die Maschinenbauanstalt rief den ausgebildeten Ingenieur wieder, bevor er im Sommer 1861 über Paris – wo er sich sehr aufmerksam den Lenoir-Motor betrachtete – nach England, ins Mutterland der Industrialisierung, weiterreiste. Hier interessierte er sich für die Maschinenfabrikation und den Schiffsbau.
Im Sommer 1862 kehrte Daimler, nachdem er noch die Weltausstellung in London besucht hatte, ins Schwabenland zurück und übernahm im »Bruderhaus« in Reutlingen die Leitung der Maschinenfabrik. Das Bruderhaus

Daimler
Motor-Wagen-Kutscherei
STUTTGART.

Motorwagendepot
Im Thürlen 00
in der Bahnhofstrasse
oberhalb
der Fabrik Leins & Cie.
Telephon 1825.

Fahrten
nach auswärts für
jedermann, besonders zu
Vergnügungsfahrten
sowie
Jagd- und Sportzwecken.

Vertretung für den Verkauf. — Bei Kauf Probefahrten gratis.
Tagesleistung eines Wagens bis zu 200 Kilometer.
Gesellschaften bis zu 6 Personen in einem Wagen. — Abonnements.

Vermietung von Wagen mit Kutscher bei Wochen-, Monats- oder Jahresabschluss für Aerzte, Reisende etc. zu 2–4 Sitzplätzen. — Gummiräder. — Geräuschloser, geruchloser und vollständig gefahrloser Betrieb.

Fein gepolsterte Wagen, Schutz gegen Sonne und Regen, bei kühler Witterung der Fond des Wagens geheizt.

Die hochelegamten Fahrzeuge werden von geübten Leuten in Livree sicher geleitet.

Wegfall aller und jeder Spesen, wie Stallgelder etc.

Die Wagen sind in zwei Minuten zum Fahren gerüstet.

Stellung von Galawagen zu Festlichkeiten, für Korsofahrten von Sportsgesellschaften. Bei zeitiger Vormerkung nach allen Städten Württembergs, wo derartige Festlichkeiten stattfinden.

In Anbetracht der grossen Entfernungen, welche diese Wagen zurücklegen, sind die Preise gegen Droschken mit Pferden enorm billig. Preise nach Uebereinkunft.

Vorausbestellungen der Wagen und Feststellung der Fahrten können im Depot Im Thürlen Nr. 00 in der Bahnhofstrasse, oberhalb der Fabrik Leins & Cie., persönlich gemacht und die Wagen besichtigt werden. Telephon Nr. 1825.

Ebenso übernimmt Vermittlung von Fahrten Herr Ed. Frasch, Cigarrenladen, Königstrasse 79. Telephon 827.

Schriftliche Anfragen und Bestellungen werden postwendend beantwortet.

Die Wagen fahren jederzeit auf Wunsch der tit. Besteller zum Abholen an Wohnungen oder bestimmten Plätzen vor. In Extrafällen stehen auch bei Nachtzeit die Wagen jederzeit zur gefl. Benützung.

Dieses zeitgemässe Unternehmen wird den hohen Herrschaften, Offizieren, Jagd- und Sportsgesellschaften sowie jedermann zur gefl. Benützung bestens empfohlen.

Daimler Motor-Wagen-Kutscherei
Im Thürlen Nr. 00 in der Bahnhofstrasse, oberhalb der Fabrik Leins & Cie.
Strassenbahnlinie Bahnhofstrasse-Prag.
Telephon 1825.

Werbung musste schon immer für Aufmerksamkeit sorgen – Gottlieb Daimler ließ in diesem Blatt wissen: »Bei Kauf Probefahrt gratis« und »Tagesleistung bis zu 200 Kilometer«.

Der geniale Konstrukteur Wilhelm Maybach, hier an der Lenkstange eines 1,5 PS starken Stahlradwagens, war die kongeniale Ergänzung zu Gottlieb Daimler.

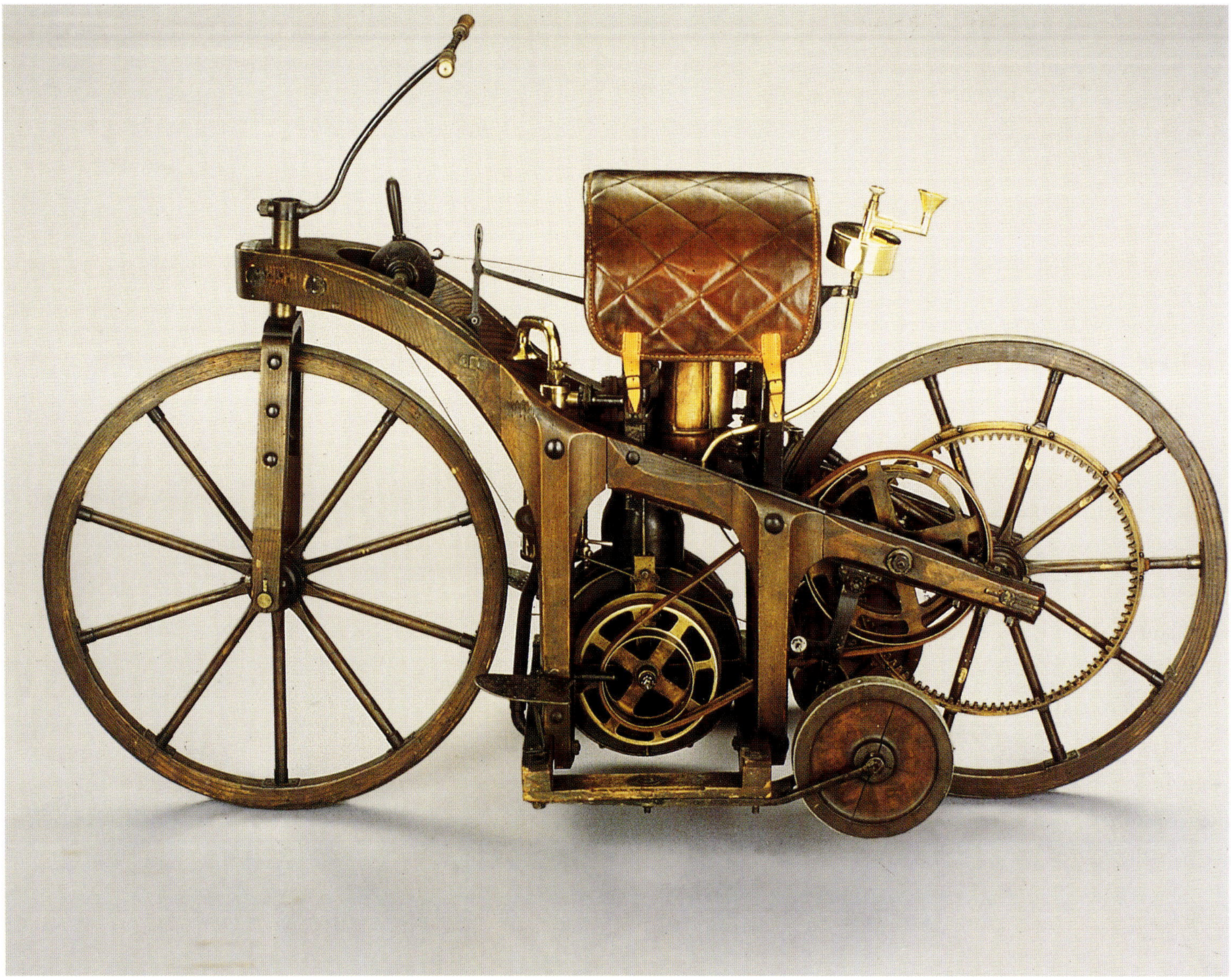

Der Daimler »Petroleum-Reitwagen« war das erste Motorrad der Welt. Er erhielt die Patentnummer 36423.

war eine Gründung des schwäbischen Theologen Gustav Werner, der in diesem Unternehmen Vollwaisen, Verarmte und Behinderte beschäftigte, um »der aufkommenden Industrie das Prinzip eines christlichen Sozialismus einzupflanzen«.

Die sechs Jahre, die Daimler in Reutlingen verbrachte, waren entscheidend für sein weiteres Leben: Er fand seine Frau, die Apothekerstochter Emma Kurz aus Maulbronn, er fand seinen Freund und Weggefährten Wilhelm Maybach, er bekam eine fundierte Ausbildung in der Bewältigung wirtschaftlich-technischer Probleme, und er löste die finanziellen Schwierigkeiten der Fabrik, was ihn später zu dem Resümee veranlasste: »Es ist ziemlich schwierig gewesen, die Verbindung zwischen christlichem Sozialismus und der kapitalistischen Wirtschaftsführung herzustellen.«
Daimler und Maybach, der im Alter von zehn Jahren zur Vollwaise wurde und deshalb im Bruderhaus aufgewachsen war, blieben bis zum Tod von

Gottlieb Daimler im Jahre 1900 eine verschworene Gemeinschaft. So nahm Daimler den zwölf Jahre jüngeren Maybach 1869 mit zur Maschinenfabrik Karlsruhe, wo er Vorstandsmitglied geworden war. Und 1872 gingen sie gemeinsam zur Gasmotorenfabrik Deutz, bei der sich Maybach sofort daran machte, die Konstruktionen von Nikolaus Otto zu überarbeiten.

Mit der Glührohrzündung begann die erste Generation von kleinen Verbrennungsmotoren zu laufen – doch rasch wurde auf eine elektrische Zündung umgestellt.

Im Jahr 1878 erkannte Daimler das Hauptproblem aller Motoren der damaligen Zeit: Sie liefen zu langsam. Man brauchte also einen kleinen, leichtgewichtigen und schnelllaufenden Verbrennungsmotor, der – nebst anderem – auch ein Fahrzeug antreiben konnte. Nur Maybach war in der Lage, die Gedankengänge von Daimler nachzuvollziehen. Da Nikolaus Otto – der gerne die Betriebsleiterstelle von Daimler gehabt hätte – für eine eher gereizte Betriebsatmosphäre sorgte, machte sich Daimler 1882 selbstständig, und es war klar, dass ihm Wilhelm Maybach nach Bad Cannstatt folgte.

Im Gewächshaus hinter der heimischen Villa begann in den darauf folgenden Jahren der »Schnell-Läufer« Formen anzunehmen. Daimler hatte das Hauptproblem gelöst und eine Zündung entwickelt, die den bis dato nur etwa 200/min drehenden Viertakter von Otto auf etwa 600/min brachte – das Ergebnis war die Glührohrzündung, die auf den Grundlagen des Engländers Watson basierte. 1883 lief der mit Gas betriebene 0,25 PS starke Motor zum ersten Mal. Drei Jahre später verlor Nikolaus Otto, wie erwähnt, seinen Prozess gegen die Inhaber der Rochas-Patente, der eine kostenlose Freigabe seiner Patente für alle Interessierten zur Folge hatte. Zwar hatte Daimler seit 1883 versucht, Teile dieser Patente von der Gasmotorenfabrik Deutz AG anzukaufen. Dieses Ansinnen war jedoch abgelehnt worden, und so konnten sich Daimler und Maybach nun ihrerseits ihre Verbesserungen patentieren lassen. Sie hatten bereits am 29. August 1885 vorgesorgt und eine Patentschrift beim kaiserlichen Patentamt in Berlin eingereicht, die – mit zwölf Zeichnungen aus der Hand von Wilhelm Maybach – das **Reitrad**, das erste Motorrad der Welt beschrieb. Und am 10. November 1885 fuhr der älteste Sohn des Hauses, Paul Daimler, mit dem Reitrad von Bad Cannstatt nach Untertürkheim.

In dieser Werkstatt baute Gottlieb Daimler den ersten schnelllaufenden Fahrzeugmotor der Welt.

Anfang 1886 bekam auch eine Kutsche der Wagenbaufirma Wimpf & Sohn, dem königlichen Hoflieferanten zu Stuttgart, einen 1,1-PS-Motor verpasst – über diese ersten Fahrten gibt es allerdings keine exakten Angaben.

Gottlieb Daimler hatte anfänglich noch nicht allzu viel Vertrauen in die »Motor-Kutschen«, er baute zuerst hauptsächlich Motorboote, Schienenwagen und Draisinen, Stromaggregate und Feuerspritzen. 1888 wurde sogar versucht, einen Fesselballon mit Motorhilfe in ein lenkbares Luftgefährt zu verwandeln.

Mit einem Faltblatt wurde erstmals Werbung für das Dreirad von Karl Benz – und die 0,9 PS, die der Einzylinder bei 400/min lieferte – betrieben.

Offiziell tauchte die **Motor-Kutsche** das erste Mal im Jahr 1888 in der »Schwäbischen Chronik« auf, die am 16. August berichtete: »Nun werden die Versuche auch auf ein Straßenfuhrwerk, eine Droschke, ausgedehnt«. Und am 17. Juli 1888 beantragte Daimler seine erste Fahrgenehmigung für »eine viersitzige, leichte Chaise mit einem kleinen Motor«.

1889 konstruierte Maybach den ersten Zweizylinder, der schlicht und einfach aus zwei der bewährten Einzylinder bestand, die in einem V-Winkel von 17° montiert wurden. Die Leistung lag bei etwa 2 PS. Auf der Pariser Weltausstellung im selben Jahr war es so weit:
Der **Stahlradwagen** – eine leichte, vierrädrige Kutsche mit einem Gewicht von nur 300 Kilogramm – feierte Premiere. Dies war die erste organische Verbindung zwischen Fahrgestell und Motor, dem Maybach – gegen den Willen Daimlers – ein Viergang-Zahnradgetriebe, eine Vollgummibereifung und eine gemeinsame Lenkstange der beiden Fahrzeuggabeln beigesteuert hatte. Mit diesem Fahrzeug hatten Daimler und Maybach die Konstruktion des Automobils erstmals grundsätzlich definiert.

Karl Friedrich Benz, der zweite Pionier, wurde am 25. November 1844 in Karlsruhe in eine Handwerkerfamilie hineingeboren. Sein Vater – der bereits

Karl Benz schuf 1885 mit dem Dreirad das erste brauchbare Automobil der Welt – noch war der Einzylindermotor liegend vor der Hinterachse montiert.

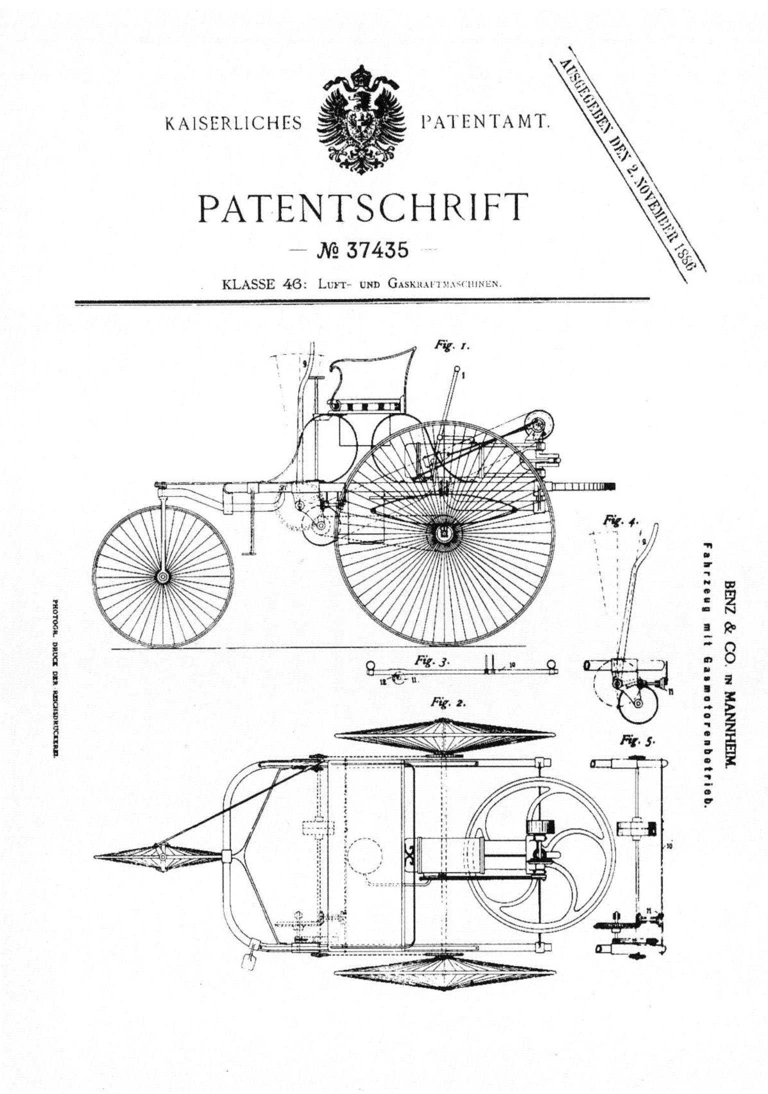

Das Wichtigste war die Patentschrift: Erst mit diesem Dokument mit der Nummer 37435 vom 2. November 1886 war das Automobil auch offiziell erfunden.

erwähnte Lokomotivführer – starb vor der Geburt des Sohnes, und die Mutter sorgte dafür, dass der naturwissenschaftlich begabte Karl das Lyceum und die anerkannte polytechnische Schule in Karlsruhe besuchen konnte. 1864 trat er eine Stelle als Lehrling bei der Karlsruher Maschinenfabrik an; drei Jahre später verließ er sie mit einem Abschluss – nur zwei Jahre, bevor Gottlieb Daimler dort seine Stellung antrat.

Benz ging als Werkführer zu einer Brückenbaufirma nach Pforzheim, lernte dort seine spätere Frau Bertha Ringer kennen und gründete, nachdem sich seine Frau vorzeitig ihr Erbe hatte ausbezahlen lassen, die Firma »Carl Benz, Eisengießerei und mechanische Werkstätte«. Das »C« bei »Carl Benz« rührte übrigens aus der damaligen Mode, die Namen französisch schreiben zu lassen. Aber die Geschäfte gingen schlecht, die Ersparnisse schmolzen dahin – 1877 konnte Benz ein Darlehen von 2000 Mark nicht mehr zurückzahlen. Aber Benz erkannte in dieser verzweifelten Situation, dass er etwas Neues erfinden müsse, um aus den Schwierigkeiten zu kommen. Und auch ihm wurde klar, dass die kleine, handlich-praktische Kraftquelle, die die Industrie von morgen benötigen würde, noch immer nicht erfunden worden war. Also machte er sich an die Perfektionierung des Verbrennungsmotors.
Benz versuchte sich allerdings am Zweitaktmotor, den er nach viel Feinarbeit in der Silvesternacht 1879 tatsächlich zum Laufen brachte. Bis 1882 hatte er auch genügend Geldgeber zusammen, um die »Aktiengesellschaft Gasmotorenfabrik in Mannheim« zu gründen, aus der er allerdings schon im Dezember desselben Jahres wieder austrat. Diese AG hat übrigens bis zum Jahre 1893 Zweitaktmotoren nach seinen Patenten gebaut, ohne ihm dafür auch nur einen Pfennig zu bezahlen.

Am 1. Oktober 1883 gründete er schließlich die Firma »Benz & Co.«, die bald so viel Gewinn abwarf, dass Benz sich mit dem Gedanken eines kleinen Fahrzeugmotors befassen konnte. Und da Nikolaus Otto mittlerweile seine Patente verloren hatte, konnte sich der Praktiker Benz auf dessen Viertaktprinzip konzentrieren, das er mittlerweile als die bessere Lösung erkannt hatte. 1885 begann er mit der Konstruktion des Benz-Patent-Motorwagens, der mit seinem Stahlrohrrahmen und einem 954 ccm großen Einzylindermotor mit 0,9 PS Leistung im Sommer 1886 zum Laufen kam.

Benz hatte die Form eines Dreirads gewählt, da er sich noch nicht über die Form der Steuerung im klaren gewesen war – doch auch das Dreirad lief. Die »Badische Landeszeitung« berichtete am 3. Juli 1886: »Ein Velociped, welches von der Firma Benz & Co. konstruiert wurde, wurde heute auf der Ringstraße probiert, und die Probe soll zufriedenstellend ausgefallen sein.«

Seinen Kompagnons wurde die Entwicklung immer unheimlicher; sie baten Benz, die Weiterentwicklung aufzugeben. Natürlich konnte und wollte dieser nicht mehr zurückstecken.

So zog er wieder einmal die Konsequenzen und suchte sich einen neuen Teilhaber. Friedrich von Fischer und Julius Ganß hießen die neuen Geldgeber, die bereit waren, in die weitere Entwicklung der neuartigen Motorenwagen zu investieren.

Als sich Karl Benz von seinem bisherigen Teilhaber Max Rose verabschiedete, flüsterte dieser ihm ins Ohr: »Lassen Sie bloß die Finger von diesem verdammten Motorwagen!« Aber dazu war es bereits zu spät: Benz hatte die Chancen des neuen Verkehrsmittels bereits zu klar erkannt.

Dabei entbehrten die ersten Versuche nicht einer gewissen Komik: So musste der erste Wagen, der lediglich über einen Gang verfügte und noch keine Kupplung hatte, angeschoben werden, damit er überhaupt zum Laufen kam. Außerdem hatte Benz – sich der Feuergefährlichkeit von Benzin wohl bewusst – erst gar keinen Benzintank montiert, sondern seinen Sohn Eugen mit einer Benzinflasche ausgestattet.

Der junge Mann musste also dem Wagen nachlaufen, »um nachzuschütten, wenn das Benzin zu Ende ging« – wie es der Vater in seinen Memoiren beschrieb. Dämmerung und Dunkelheit waren Benz die liebste Zeit für Versuche. Es bedurfte vieler Probefahrten und Verbesserungen, bis der Wagen befriedigend lief. Auch die misstrauisch-staunende Bevölkerung benötigte einige Zeit, um zu begreifen, dass Karl Benz keineswegs irre war.

Obwohl Benz seinen Wagen auf etlichen Ausstellungen zeigte und die Zeitungen viel über ihn berichteten, war es schwer, Käufer zu finden. Der erste Interessent wurde – kurz vor der Auslieferung des Wagens – in eine Irrenanstalt eingeliefert. Doch dies entmutigte Karl Benz nicht – er hatte mit Gottlieb Daimler gleichgezogen, das Automobil war endgültig geboren.

Gottlieb Daimler, chauffiert von seinem Sohn.

Im Jahre 1894 entstand der »Riemenwagen«, der von einem Zweizylinder-Reihenmotor mit 760 ccm Hubraum angetrieben wurde.

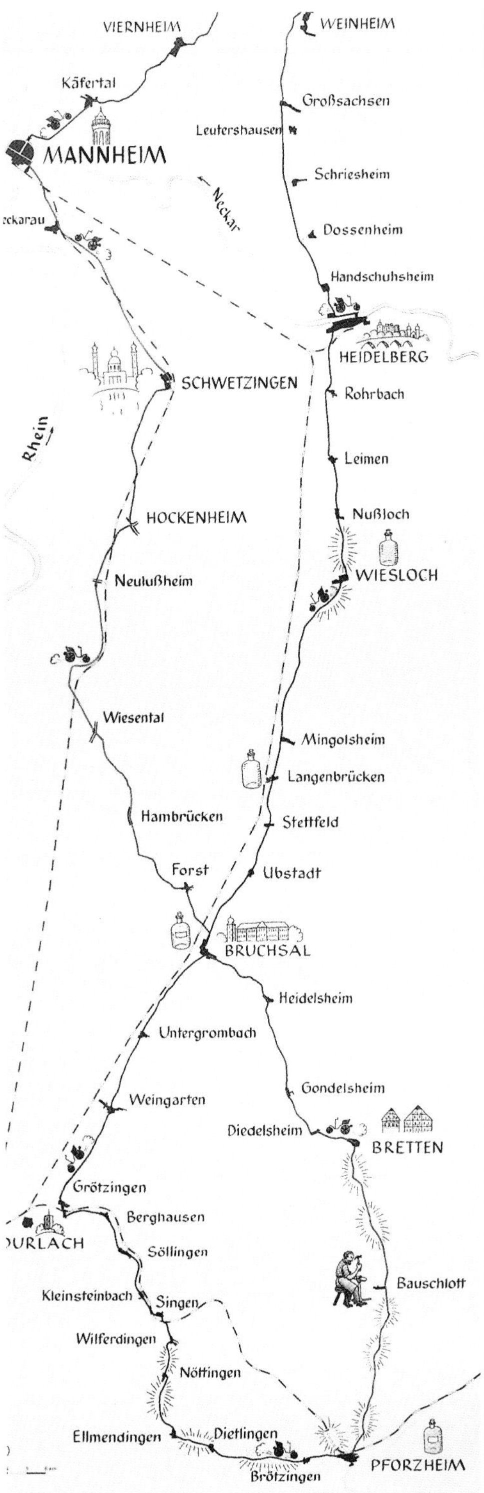

Im August 1888 unternahm Bertha Benz mit ihren Söhnen die erste Fernfahrt der Welt. Die Reise ging von Mannheim nach Pforzheim, und Karl Benz wusste nichts von diesem Ausflug.

Wie der Bedarf für das Automobil geschaffen wurde –

und wie Daimler und Benz ihre Erfindung in alle Welt exportierten

Das Automobil war nun erfunden, doch niemand wollte die famose Erfindung haben. Die Menschheit hatte keineswegs auf das Auto gewartet, und die Pioniere taten sich schwer, die ersten der schnelllaufenden Motoren zumindestens für Boote, für Feuerwehrspritzen oder für Eisenbahnen zu verkaufen. So blieb es Bertha Benz vorbehalten, die Alltagstauglichkeit auf der ersten »Langstrecken«-Fahrt nachzuweisen.

Im August des Jahres 1888, zur Zeit der Schulferien der beiden Söhne Eugen und Richard, standen Mutter und Söhne frühmorgens auf. Die Abfahrtszeit war auf fünf Uhr festgesetzt worden, da der Vater Benz zu dieser Zeit noch fest schlief – und man ihm von dem Ausflug nichts erzählen wollte. Der Weg führte die drei nach Pforzheim, zum Haus der Großmutter. Da der Einzylinder vor allem bei Steigungen nur allzu gerne streikte, wurde eine Strecke ausgesucht, die möglichst wenig Schwierigkeiten bot. Dennoch musste des Öfteren angehalten und geschoben werden, und genauso mühselig gestaltete sich die Suche nach Benzin und Wasser – schließlich wurde der Treibstoff nur in Apotheken verkauft und auch dort nicht überall. Das Wasser musste in größeren Mengen herbeigeschafft werden, da das Kühlsystem des Motors keineswegs perfekt war. Wenn der Benzinzufluss zum Vergaser verstopfte, griff Bertha Benz routiniert zur Haarnadel, um die Röhrchen wieder freizulegen. Bei einem Kurzschluss der elektrischen Leitung sorgte ihr Strumpfband für die nötige Isolierung, und als die mit Leder bezogenen Bremsbeläge verschlissen waren, montierte ein Schuster neue Lederbänder.

Als der Abend hereingebrochen war, erreichte das Trio kurz vor Pforzheim den Gasthof »Post« und sandte dem Vater ein Telegramm, das ihm von der

Der »Stahlrad«-Wagen war das zweite Automobil von Gottlieb Daimler – hier arbeitete bereits ein Zweizylinder mit 565 ccm Hubraum und 1,5 PS Leistung.

ersten Fernfahrt eines Automobils berichtete. Karl Benz war keineswegs böse, sondern freute sich vielmehr über diesen Beweis der Leistungsfähigkeit seines Wagens, und die Schwierigkeiten an den Steigungen veranlassten ihn sofort, die Getriebeabstufungen entsprechend zu verändern. Im Nachhinein kann man sich kaum noch vorstellen, welches Aufsehen die Mutter mit ihren beiden Söhnen auf den Feldwegen quer durch Süddeutschland erregt haben muss: Die Bauern und Städter hatten nie zuvor ein Automobil gesehen – wie viele von ihnen mögen das schnaubende und zischende Gefährt für eine Erfindung des Teufels gehalten haben?

Wer sich im verletzten Jahrhundert ein Automobil zulegte, war ein Pionier – er betrat Neuland. Er musste sich nicht nur gegen Pferdegespanne behaupten, er fuhr auch auf einem nicht existenten Straßennetz. Ein englisches Gesetz forderte sogar, dass vor jedem Wagen ein Mann mit einer roten Flagge einhergehen müsse, um den »normalen« Verkehr vor diesen Ungeheuern zu warnen. An Reparaturwerkstätten war ebenfalls nicht zu denken, Ersatzteile schmiedete man sich besser selbst, und die Preise dieser anfälligen Geschöpfe waren wirklich nicht als billig zu bezeichnen: Der **Benz-Patent-Motorwagen Modell 3,** von dem etwa 25 Exemplare hergestellt wurden, kostete immerhin stolze 3.000 Mark.

Es waren die Franzosen, die das Automobil entdeckten: Der **Stahlradwagen,** den Gottlieb Daimler **1889** auf der Weltausstellung in Paris gezeigt hatte, fand das große Interesse von Madame Sarazin, die Daimler bereits seit vielen Jahren bekannt war. Ihr (im Jahre 1887 verstorbener) Mann war der Vertreter der Gasmotorenfabrik Deutz für Frankreich gewesen; er hatte den Weg von Daimler aufmerksam verfolgt und alle deutschen Patente zur Auswertung in Frankreich und zur Erteilung französischer Patente übertragen bekommen. Zwar war Sarazin mittlerweile verstorben, aber er hatte kurz vor seinem Tod noch Kontakt mit Emile Levassor aufgenommen, der Gesellschafter der Firma Perin, Panhard & Cie. war. Die Firma Panhard &

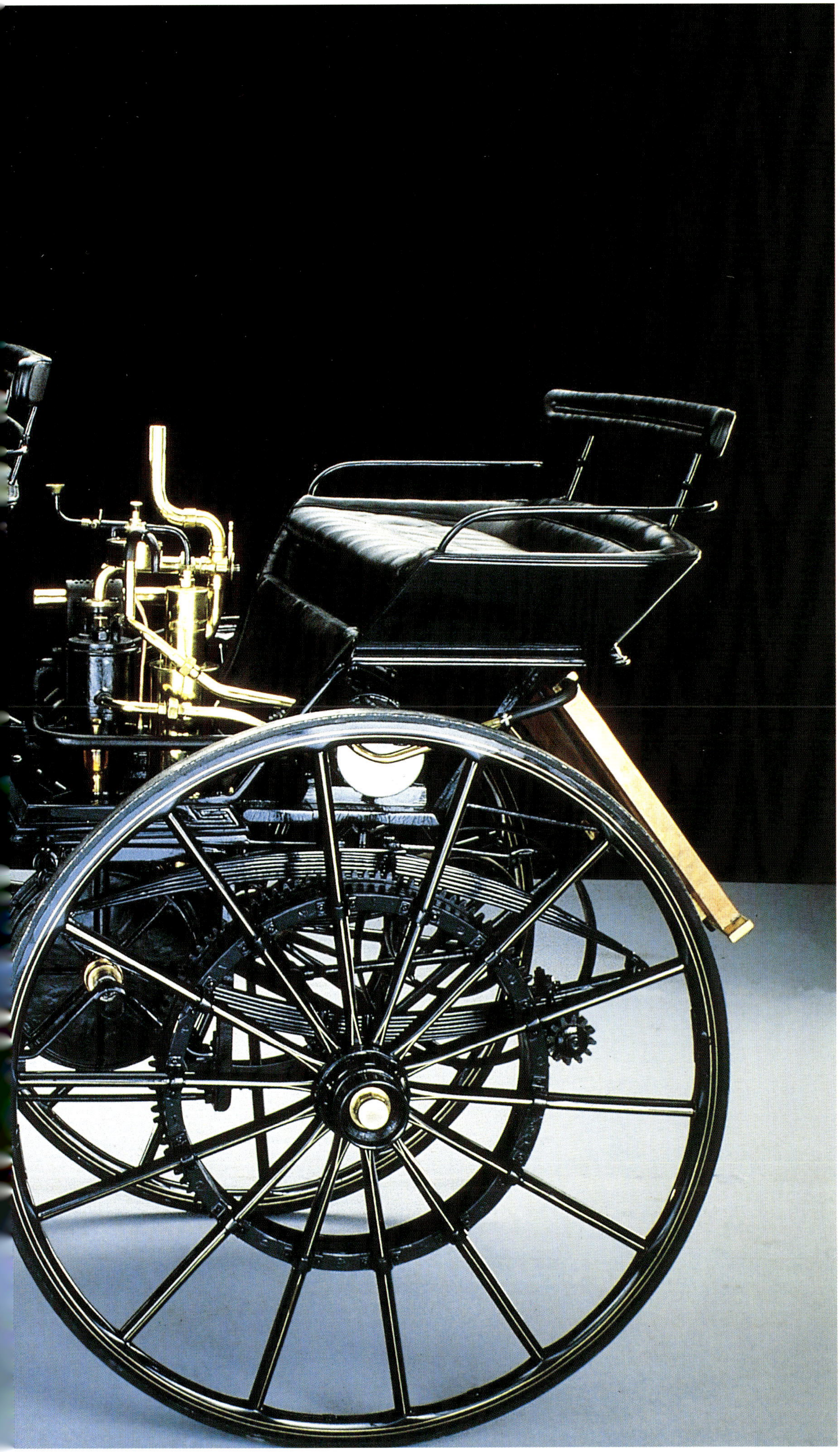

Die Daimler-»Motorkutsche« entstand 1886. Dieses erste Fahrzeug Gottlieb Daimlers besaß einen stehend montierten Einzylinder mit 462 ccm Hubraum, der bei 600/min 1,1 PS Leistung lieferte und für 18 km/h Höchstgeschwindigkeit sorgte.

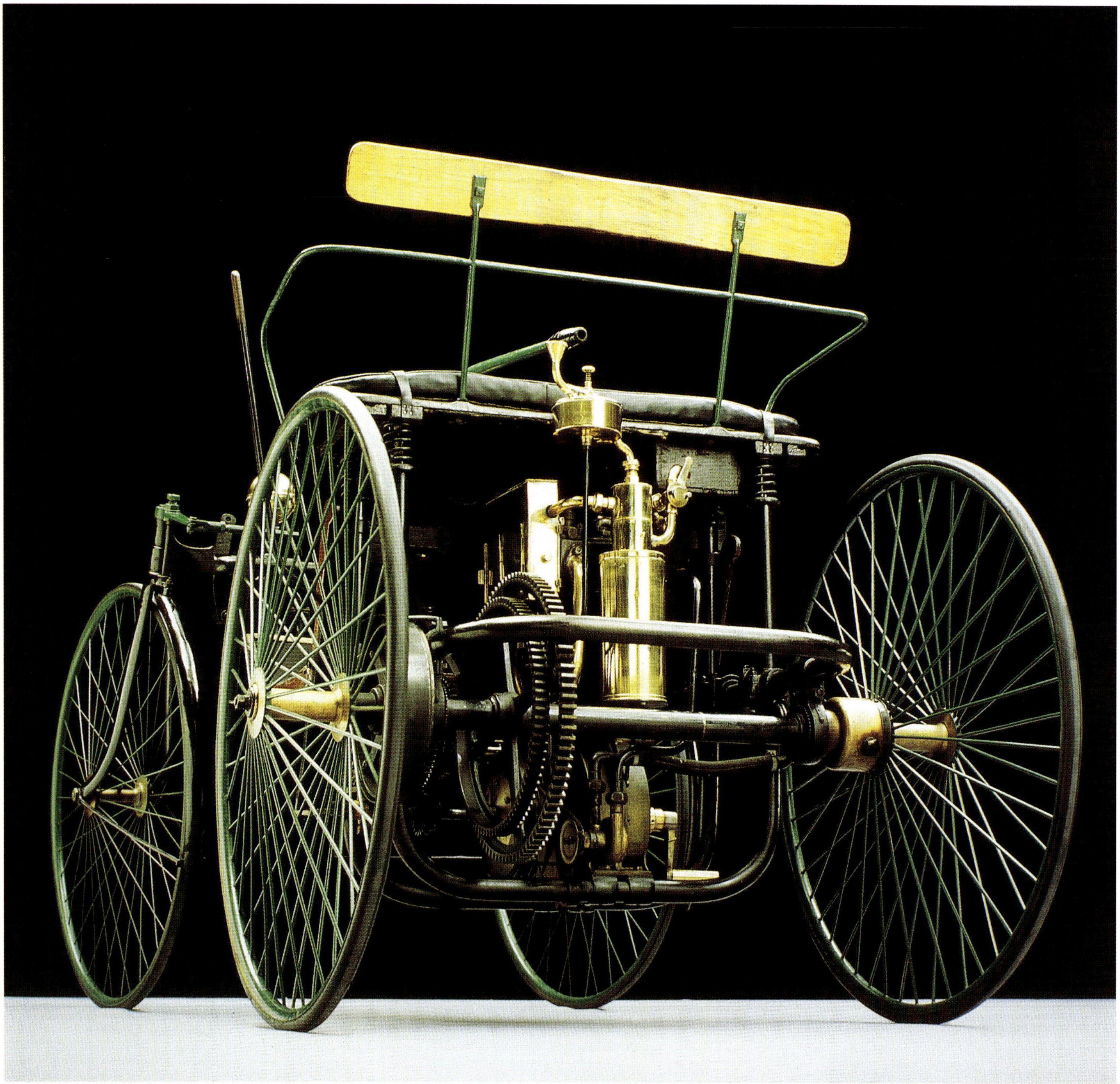

Von hinten ist beim Stahlradwagen der aufrecht montierte Einzylinder besonders gut zu erkennen.

Levassor (Perin war mittlerweile ebenfalls verstorben) fragte nun bei der Witwe Sarazin an, ob man die Rechte an den Daimler-Motoren haben könne – die Besichtigung des Stahlradwagens in Paris hatte sie überzeugt.

Das Ergebnis dieser Verhandlungen war ein Vertrag, mit dem Frau Sarazin am 1. November 1889 die Auswertung aller französischen und belgischen Patente abtrat. Sie verkaufte außerdem die Rechte zur Fabrikation nach den Daimler-Patenten gegen die Zahlung einer Lizenzgebühr von 20 Prozent an die Firma Panhard & Levassor – was ihr allerdings nicht schwer fiel, da sie am 17. Mai 1890 Emile Levassor heiratete. Der entscheidende Anteil an der

Konstruktion des Automobils in der uns heute geläufigen Form muss zweifellos Panhard & Levassor zugeschrieben werden: Hier wurde erstmals der Motor nach vorne und das Differential nach hinten gelegt. Emile Levassor führte bei seinen Fahrzeugen das Lenkrad und die geneigte Lenksäule ein. Das Kupplungspedal, der Luftreifen und der breite Einsatz des von Wilhelm Maybach entwickelten Röhrenkühlers waren seine weiteren Beiträge für das moderne Automobil.

Obwohl Gottlieb Daimler die Bedeutung des Automobils in seinem vollen Umfang noch immer nicht erkannt hatte – er wollte eigentlich nur Motoren verkaufen –, errichtete er in verschiedenen Ländern Vertretungen. 1890 ging er nach Wien, 1893 gründete er zusammen mit dem britischen Ingenieur Frederick Simms die »Daimler Motor Syndicate Ltd.« mit einem Stammkapital von 6.000 Pfund Sterling – die Geburtsstunde der britischen Automobilindustrie. Aus diesen Zeiten stammt auch der Name der britischen Nobelmarke »Daimler«, die heute zusammen mit Jaguar zum Ford-Konzern gehört, aber mit den Stuttgartern seit mehr als 80 Jahren nichts mehr zu tun hat.

In Italien hatte Daimler 1891 in Palermo eine Straßenbahn in Betrieb genommen. Ein Jahr später fuhr ein 4-PS-Daimler-Motorboot in knapp zwei Wochen rund um Sizilien. Die »Costruzioni Meccaniche« in Soronno, die die Alleinvertretung für Italien besaß, hatte allen Grund, sich über solche Werbung zu freuen.

Die Firma »Brena & Ricordi« in Mailand besaß hingegen die Vertretung des Hauses Benz. Dass die beiden Unternehmen auch für die Entwicklung der italienischen Automobilindustrie verantwortlich zeichneten, zeigte sich spätestens im Juli 1899, als – unter der Leitung des 1865 geborenen Giovanni Agnelli – die »Fabbrica Italiana Automobile Torino«, abgekürzt FIAT, gegründet wurde.

Agnelli hatte nämlich erstmals 1892 einen Daimler-Motor zu sehen bekommen – und daraufhin David Federman, den Turiner Generalvertreter von Daimler, zusammen mit anderen reichen Männern dazu überreden können, sich seinem

So sah um die Jahrhundertwende die Automobilproduktion bei Gottlieb Daimler in Stuttgart aus.

Projekt eines italienischen Automobilwerks anzuschließen. Die bereits 1890 in Wien gegründete Daimler-Motoren-Gesellschaft wurde am 25. Juli 1899 zur »Österreichischen Daimler-Motoren-Kommanditgesellschaft Bierenz, Fischer & Co.« erweitert, und der älteste Sohn, Paul Daimler, übernahm die technische Leitung des Hauses. Diese Tochtergesellschaft war außerordentlich innovativ – man konstruierte bereits Allradwagen. Im Jahre 1906 wurde Ferdinand Porsche der Chefkonstrukteur des Hauses. Der 1875 als Sohn eines böhmischen Spenglermeisters geborene Ferdinand Porsche ersetzte Paul Daimler, der in Stuttgart die Nachfolge von Wilhelm Maybach übernehmen musste, da dieser gekündigt hatte. Porsche, der zu damaligen Zeiten selbst am Lenkrad seiner Konstruktionen saß – so gewann er beispielsweise 1910 die Prinz-Heinrich-Fahrt –, blieb bis 1923 in Wien. Dann ging der spätere Vater des VW-Käfers als Chefkonstrukteur und technischer Vorstand zu Daimler nach Stuttgart, wo er bis 1929 einige der herausragendsten Fahrzeuge der Firmengeschichte auf die Räder stellte.

Auch in den USA sorgten Daimler und Benz für die automobile Initialzündung: Im August 1888 hatte William Steinway, der Inhaber der Pianofabrik Steinway & Sons, erste Gespräche über den Vertrieb dieser neuartigen Gefährte geführt.
Das Ergebnis war die Gründung der »Daimler Motor Company« mit Sitz in New York, die bereits am 29. September desselben Jahres beschlossen wurde. Die Produktion nach den Patenten der Deutschen begann im Jahr 1891 bei der »National Machine Company Hartford«. Karl Benz machte hingegen auf seine Fahrzeuge am 2. November 1895 aufmerksam, als Oscar Mueller auf seinem Benz »**Vis-à-Vis**« die erste Zuverlässigkeitsfahrt, die von der Zeitschrift »Times Herald« veranstaltet wurde, nach einer Fahrzeit von 8 Stunden und 44 Minuten gewann.

Für den Daimler »Riemenwagen« musste der Kunde 7.000 RM anlegen – dafür bekam er einen Zweizylinder mit 1.530 ccm Hubraum und 6 PS Leistung.

Karl Benz und Gottlieb Daimler hatten innerhalb weniger Jahre das Automobil nicht nur zum Laufen gebracht, sondern auch seine Technik und die Begeisterung dafür in viele Länder exportiert.
Nun war es auch nicht mehr zu vermeiden, dass sich eine Vielzahl von begabten Ingenieuren und zukunftsorientierten Unternehmern daran machte, den Siegeszug des Automobils zu organisieren.

Daimler, Benz und ihre großartigen Geschäfte

Doch plötzlich meldete sich die Konkurrenz

Die Geschäfte von Karl Benz liefen zuerst einmal großartig. Zusammen mit seinen Teilhabern Friedrich von Fischer und Julius Ganß weitete er die Produktionsanlagen der Firma »Benz & Co.« aus, und nach einem Auftrag über 100 ortsfeste Motoren im Jahre 1891 kamen nur ein Jahr später bereits Bestellungen über 500 dieser Motoren. Karl Benz nutzte diesen Boom, indem er seine Automobile weiterentwickelte und mit mehr Leistung versah, schließlich hatten die ersten Kunden über das mangelnde Temperament an Steigungen geklagt. Die neuen Motoren leisteten nun bei 700/min bereits 5 PS – und als Karl Benz zu diesem Zeitpunkt auch das Patent der Achsschenkellenkung entdeckte, war der neue Typ »**Victoria**« ein weiterer wichtiger Schritt auf dem Weg zum ersten richtigen Automobil.

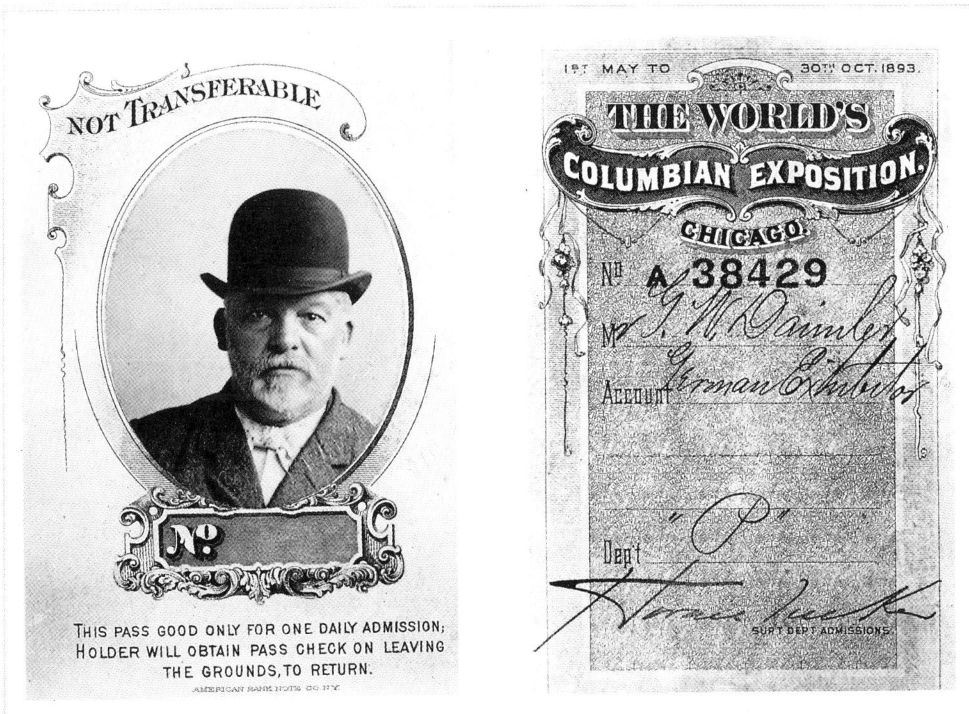

Dies ist der Ausweis, den Gottlieb Daimler als Aussteller auf der Weltausstellung in Chicago im Jahre 1893 bekam.

Rasch wurde die Modellpalette vergrößert: Nun gab es bereits Variationen von 1,8 bis 3,0 Liter Hubraum, von 3 bis 6 PS, mit Karosserieaufbauten von zwei bis zu acht Sitzplätzen – und zu Preisen zwischen 3.950 und 6.150 Mark. Nach diesen Erfolgen wandte sich Karl Benz dann einem »Kleinwagen« zu, der von 1894 an als der erste in Serie gebaute Wagen der Welt in die Geschichte eingehen sollte: der »**Velo**«. Mit seinem 1,1-Liter-Einzylindermotor erreichte das nur 280 Kilogramm schwere Gefährt, bei einer Leistung von anfänglich 1,5 PS, rund 20 km/h. In seiner achtjährigen Produktionszeit sollte diese Leistung dann auf 3,5 PS wachsen, von 1900 an gab es dann auch ein Dreiganggetriebe – einen Rückwärtsgang sollte das in etwa 1.200 Exemplaren gebaute Gefährt allerdings niemals erhalten.

1899 wurde die Firma Benz & Co. in eine Aktiengesellschaft umgewandelt, Julius Ganß und Karl Benz stellten den Vorstand, Josef Becht und Eugen Benz wurden zu Prokuristen bestellt. Schon in diesem Jahr konnte eine erfreuliche Geschäftsbilanz gezogen werden: 572 Motorwagen wurden verkauft. Das Jahr 1900 sollte noch erfreulicher werden: Mit 603 verkauften Fahrzeugen war die Benz AG der größte Fahrzeugfabrikant der Welt. Man blickte optimistisch in die Zukunft, kaufte neue Grundstücke in Mannheim, um die Produktion weiter vergrößern zu können – und erlebte 1901 einen niemals für möglich gehaltenen Geschäftseinbruch.

Der Grund dafür war bei den Konkurrenzmodellen der Firma Daimler zu suchen. Dort waren die neuen »**Mercedes**«-Wagen herausgekommen, die eine Motorenpalette von 8 bis 35 PS bieten konnten – und die Benz-Modelle von heute auf morgen als veraltet erscheinen ließen. So wurden 1901 nur noch 385 Fahrzeuge ausgeliefert, 1902 waren es 226 Exemplare und 1903 nur noch 172 Modelle, die die Werkshallen in Mannheim verließen.

In der Direktionsetage ging es hektisch zu: Karl Benz bestand starrsinnig auf seinen Motoren und seiner Technik. Er sah nicht ein, dass das Publikum Fahrzeuge mit mehr Leistung und höheren Geschwindigkeiten wollte. Für ihn waren 30 oder 40 km/h ausreichend. Mehr hielt er für überflüssig, und eigentlich hatte er sich auch nie besonders um die Wünsche seiner Kunden gekümmert. Anfänglich war es für ihn wichtiger gewesen, Feuerwehrpumpen und Bootsmotoren zu verkaufen. Als dann die Franzosen damit begannen, den Markt mit ihren Produkten zu überschwemmen, war Karl Benz auch nicht davon zu überzeugen, dass nur die Teilnahme an den rasch populär werdenden Autorennen jenen technischen Fortschritt demonstrieren könnte, den die Kundschaft so schätzte. In völliger Verkennung der Bedeutung von Werbung wurde jegliche Form von Autorennen vernachlässigt. Erst 1899 wurde halbherzig ein erster Rennwagen mit einem 2,3-Liter-Zweizylinder und 8 PS Leistung gebaut, der zwar bereits über ein Viergang-Getriebe verfügte, aber nicht sehr erfolgreich war.

Noch 1901 verkündete Karl Benz eigensinnig: »Diese seit neuem immer weiter um sich greifende Leidenschaft, andere im Geschwindigkeitswettstreit zu überbieten, um sich schließlich noch mit schnellen Eisenbahnen zu

Dieser Benz »Parsifal« 16/20 PS Phaeton mit einem Zweizylindermotor entstand 1903.

messen, gefährdet nicht nur mit Mutwillen das Leben der Fahrer, sondern auch das der übrigen Verkehrsteilnehmer«, und er fügte hinzu: »...anstatt an Rennen teilzunehmen, werden wir weiterhin Wert legen auf die Herstellung solider und zuverlässiger Tourenwagen«.

Aber es wandten sich immer mehr Käufer ab – und der Kompagnon Ganß zog die Notbremse: Er stellte einen jungen französischen Konstrukteur namens Marius Barbarou ein, der – zusammen mit fünf weiteren jungen Ingenieuren – in Windeseile eine Motorenpalette mit 8, 10, 14, 28 und 40 PS konstruierte. Dazu stand natürlich auch ein 40-PS-Rennwagen auf der Wunschliste. Benz konterte mit einem eigenen »deutschen« Konstruktionsbüro mit Georg Diehl und Fritz Erle, die ebenfalls an stärkeren Triebwerken arbeiteten. Die »Franzosen« waren schneller, und so trat ein Benz-Wagen mit »Barbarou«-Motor beim Bergrennen »Nizza – La Turbie« an. Wieder siegten die konkurrierenden Mercedes-Wagen überlegen, alle Benz-Fahrzeuge fielen aus – und Ganß entließ seine »Franzosen«.

Kurz vor der Jahrhundertwende entstand der Benz »Ideal« mit einem Einzylindermotor, der aus 1140 ccm immerhin fünf PS abgab – und 30 bis 35 km/h erreichte.

Die Lage war prekär: Zwei Entwicklungsteams hatten das schrumpfende Unternehmen an den Rand des finanziellen Ruins gebracht. Also zog man die Konsequenz: Man versuchte, aus beiden Konstruktionen das Beste zusammenzufügen und das Ergebnis, eine Anzahl aus Zwei- und Vierzylindermotoren, unter dem Namen »**Parsifal**« auf den Markt zu bringen. Die alten und die neuen Benz-Fahrzeuge hatten technisch nicht mehr viel miteinander zu tun: Der moderne Kardanwellenantrieb war Benz völlig fremd – er trauerte seinem Riemen-Kettenantrieb hinterher. Auch der Lamellenkühler und die Zahnradwasserpumpe fanden keine große Gegenliebe. Am meisten ärgerte sich Benz über die Tatsache, dass der Parsifal hauptsächlich als eine Schöpfung des

An dem ersten Langstreckenrennen der Welt von Paris nach Bordeaux nahm 1895 auch ein fünf PS starker Benz »Phaeton« teil.

Herrn Barbarou deklariert wurde – Benz zog seine Konsequenzen: Im April 1903 beendete der 59-Jährige die aktive Teilnahme bei der Firma Benz & Cie., er schied aus seiner Firma, seinem Lebenswerk aus. Allerdings trat er 1904 in den Aufsichtsrat der Firma ein, dem er dann bis zu seinem Tode am 4. April 1929 als Berater und Mentor angehörte.
Zuvor aber gründete der Autopionier auf den Namen seiner beiden Söhne in Ladenburg noch eine zweite Autofabrik, die er »Karl Benz Söhne« taufte, deren Produkte sich allerdings kaum verkauften.

Karl Benz hat noch – im Gegensatz zu Gottlieb Daimler – den Siegeszug des Automobils miterleben können; er wurde gefeiert, bekam den Ehrendoktorhut seiner ehemaligen Universität in Karlsruhe und verfolgte aufmerksam, was aus seinem Geschöpf wurde. Seine Frau Bertha, die ihn mit ihrer Fernfahrt nach Pforzheim zur Vermarktung seiner Ideen getrieben hatte, sollte schließlich am 5. Mai 1944 sterben, fünf Tage nach ihrem 95. Geburtstag.
Gottlieb Daimler hingegen hat von der Erfolgsgeschichte des Automobils nicht mehr so viel erleben dürfen: Der Schwabe hatte seine Motoren, Fahrzeuge und die Technik mit großem Geschick in allen europäischen Ländern und in den USA vermarktet. Zu seinem Erstaunen musste er feststellen, wie gut gerade die Franzosen mit seinen Ideen umzugehen verstan-

den. Und er hatte auch – wahrscheinlich mit einem leichten Kopfschütteln – zur Kenntnis genommen, dass die Franzosen bereits 1894 ihre Kaufklientel mit Zuverlässigkeitsfahrten und Autorennen von der Qualität ihrer Produkte zu überzeugen versuchten.

Die erste dieser Zuverlässigkeitsfahrten fand am 22. Juli 1894 über eine Distanz von 126 Kilometern statt: Gewertet wurden Geschwindigkeit, Sicherheit, Bequemlichkeit und Sparsamkeit. 102 Fahrer hatten sich für den Start gemeldet, 21 sollten schließlich antreten. Es gewannen ein Panhard & Levassor gemeinsam mit einem Peugeot, die beide mit einem (nach Daimler-Lizenzen) gebauten Zweizylinder-V-Motor ausgerüstet waren. Ein Jahr später fand das erste Autorennen der Welt statt: Es führte von Paris über Bordeaux wieder zurück nach Paris – immerhin 1192 Kilometer auf besseren Feldwegen, denn Straßen existierten damals noch nicht. Wieder waren die mit Daimler-Motoren ausgerüsteten Peugeot- und Panhard & Levassor-Fahrzeuge siegreich.

Das erste Rennen in Deutschland fand dann am 24. Mai 1898 in Berlin statt, als sich 13 Gefährte dazu einfanden, die 54 Kilometer lange Strecke von Berlin nach Potsdam und zurück in Angriff zu nehmen. Obwohl ein britisches Humber-Dreirad siegte, wurde es dennoch ein denkwürdiges Datum, denn hier trafen erstmals ein Benz- und ein Daimler-Fahrzeug aufeinander.

Wahrscheinlich ein Einzelstück: Dieser »Gesellschaftswagen mit Sonnendach« entstand 1895 auf der Basis eines 6-PS-Riemenwagens.

Während sich die Daimler-Töchter in aller Welt immer besser entwickelten, hatte Gottlieb Daimler zu Hause wirtschaftliche Schwierigkeiten: Seine Kapitaldecke war zwar stets gesund, aber nie hervorragend. Weil sich das herumgesprochen hatte, bekam er immer öfter Angebote von Kapitalgebern, die sich an seinen Erfindungen beteiligen wollten. Einer von ihnen war Kilian

Steiner, der etliche kleinere Banken zu der Württembergischen Vereinsbank zusammengeschlossen hatte – und mit Max von Duttenhofer und Wilhelm Lorenz zwei Strohmänner vorschickte, die Daimler von der Idee einer Aktiengesellschaft überzeugen konnten. Gegen Ende 1890 wurde die »Daimler AG« gegründet. Wenige Wochen später war der große Krach da: Die neuen Herren wollten Daimler erklären, wie er nun alles zu regeln hätte, und sie wiesen ihn diskret darauf hin, dass sie die Aktienmehrheit hätten. Daimler tobte vor Wut, zog die Konsequenzen und verzichtete auf die Mitarbeit in seiner Firma.

Daimler mietete für seine Weggefährten Wilhelm Maybach, Karl Linck und zwölf ausgesuchte Arbeiter für die Jahresmiete von 1.800 Mark den Gartensaal des Hotels Hermann in Cannstatt. Dort begannen sie an weiteren Konstruktionen zu arbeiten. Max von Duttenhofer war inzwischen in größere Probleme geraten: Ohne Daimler und den genialen Maybach hatte man die Orientierung verloren sowie einen unbrauchbaren Petroleummotor und einen stationären Motor für Molkereien entwickelt, der praktisch unverkäuflich war. Und als ein eigenes Automobil, das nach seinem Konstrukteur **»Schrödter«-Wagen** genannt wurde, von 1892 bis 1895 in nur rund einem Dutzend Exemplaren verkauft werden konnte, beschlossen von Duttenhofer und Lorenz die nächste Intrige. Sie erpressten Daimler damit, dass sie ihm einen Konkurs androhten, wenn er sich nicht mit 66.666,66 Mark für seinen gesamten Restanteil am Vermögen der Gesellschaft und den Rechten an seinen Erfindungen abfinden lasse.

Daimler war klar, dass ihm ein Konkurs die weitere Arbeit drastisch erschwert hätte. Daher unterschrieb er am 10. Oktober 1894 den Vertrag, der ihn endgültig aus seiner eigenen Firma ausschloss. In den frühen 90er Jahren waren die Fahrzeuge aus dem Haus von Karl Benz kontinuierlich besser geworden, und da die ausländischen Daimler-Lizenznehmer (wegen der mangelnden Qualität) immer weniger Fahrzeuge bestellten, kam die Daimler AG in immer größere Schwierigkeiten – das Fehlen von Daimler und Maybach machte sich einmal mehr bemerkbar. Zwei Männer wollten sich die schlechte Qualität der Stuttgarter Produkte nicht mehr gefallen lassen: der Hamburger Vertreter Deurer und der britische Importeur Simms. Die beiden erklärten sich bereit, Max von Duttenhofer 350.000 Mark für die Entwicklung des »Phoenix«-Motors zur Verfügung zu stellen, wenn er Daimler wieder als Direktor einstellen würde. Von Duttenhofer und Lorenz sträubten sich zwar lange, die desolate Verfassung des Unter-

Vor der Jahrhundertwende hatten die ersten Fahrzeuge noch immer eine verblüffende Ähnlichkeit mit Kutschen – als ob man ihnen, wie bei dieser frühen Kraftdroschke, die Pferde entwendet hätte.

Vorhergehende Doppelseite: Der Benz »Spider« aus dem Jahre 1902 verfügte über einen Zweizylinder-Boxermotor mit 2.690 ccm Hubraum, der bei 920/min immerhin zehn PS abgab. Die Höchstgeschwindigkeit lag bei 40 bis 45 km/h.

nehmens zwang sie jedoch letztlich dazu, am 1. November 1895 mit Gottlieb Daimler einen neuen Vertrag zu schließen, mit dem Daimler Generalinspektor, Maybach technischer Direktor und Linck kaufmännischer Direktor wurden. Zudem musste Daimler finanziell entschädigt werden und erhielt 30.000 Mark in Aktien. Nachdem Simms noch Mitglied des Aufsichtsrats geworden war, liefen die Geschäfte auf Anhieb wieder deutlich besser.
Durch die Erfindung des Röhrchenkühlers durch Wilhelm Maybach konnten etliche thermische Probleme beim Motorenbau gelöst werden – die neu konstruierten Vierzylindermotoren leisteten bis zu 23 PS. Daimler begann dann auch, die ersten Niederspannungs-Magnetzündungen von Robert Bosch zu installieren. Mit den ersten Omnibussen und Lastwagen der Welt erschlossen sich dem wieder florierenden Unternehmen weitere Geschäftsbereiche.

Emil Jellinek war der Mann, der Gottlieb Daimler und Wilhelm Maybach mit seinen Aufträgen vorantrieb. Seine Tochter Mercedes gab den entstehenden Modellen ihren Namen.

Alles hätte ziemlich schön sein können, wenn Max von Duttenhofer nicht weiter gegen den ungeliebten Gottlieb Daimler gearbeitet hätte. Nachdem die Daimler AG wieder in den schwarzen Zahlen war, gründeten von Duttenhofer, Steiner und Isidor Loewe in Berlin die »Allgemeine Motorwagen GmbH«, die 1897 mit dem Bau von Personenwagen begann – auf der Basis von Patenten von Gottlieb Daimler. Daimler wusste von dieser Gesellschaft und dem Missbrauch seiner Patente nichts. Er kam erst dahinter, als diese Fahrzeuge unter dem Namen »Daimler-Motorwagen« (der Name hatte ja weltweit einen guten Ruf) zu Dumpingpreisen exportiert wurden.

Die Sache mit den Dumpingpreisen hatte sich von Duttenhofer einfallen lassen, weil Daimler anlässlich des Geschäftsjahres 1898/99 eine Sonderprämie über 50.000 Mark bekommen sollte, sofern aus dem Reingewinn fünf Prozent Rendite verteilt werden konnten. Wegen seines immer stärker werdenden Herzleidens nahm Daimler an den vorbereitenden Sitzungen zur Hauptversammlung nicht teil; so war es dem Rest der Anwesenden leicht gefallen, die Bilanz so zu manipulieren, dass die Dividende von fünf Prozent knapp verfehlt und Daimler um seine Prämie gebracht wurde.

Daimler versuchte im Januar des Jahres 1900 noch in einem letzten Gespräch mit Max von Duttenhofer, die untragbar gewordene Situation zu klären, aber das Ergebnis warf ihn nur wieder aufs Krankenlager. Gottlieb Daimler starb am 6. März 1900, verbittert und enttäuscht.

Nach dem Tode von Daimler blieb Wilhelm Maybach bis 1907 der technische Direktor der Daimler-Motoren-Gesellschaft.
Von Duttenhofer aber, der es nicht einmal für nötig gehalten hatte, zu Daimlers Beerdigung zu kommen, zerbrach sich von nun an den Kopf darüber, wie er die Daimler-Familie aus der Gesellschaft verschwinden lassen konnte.
In diesen Jahren sollte sich das Haus Daimler zur innovativsten Autoschmiede der Welt entwickeln – und damit den Niedergang des Hauses Benz einläuten. Für diese Entwicklung waren zwei Männer verantwortlich: Wilhelm Maybach und der 1853 geborene Emil Jellinek. Letzterer war ein erfolgreicher Geschäftsmann, der an der Cote d`Azur lebte und ein rechter Autonarr war. Jellinek hatte bereits mehrere Automobile besessen, und er war bestens informiert. Er wusste auch um die Qualitäten der Daimler-Fahrzeuge – allerdings: Sie entsprachen nicht ganz seinem Temperament. So erreichte der **Doppel-Phaeton**, den er 1896 gekauft hatte, nur 25 km/h Höchstgeschwindigkeit. Jellinek schrieb einen Brief nach Cannstatt: Er wäre bereit, fünf Fahrzeuge zu erwerben, sofern diese 40 km/h erreichen würden. So einen Auftrag wollte man sich nicht entgehen lassen; die abgelieferten Fahrzeuge erreichten 42 km/h. Nun stellte Jellinek die nächste Bedingung: Er wäre bereit, sechs Fahrzeuge zu ordern, sofern der Motor vorne, also vor dem Fahrer montiert werden könnte. Bis dato waren die Motoren ja immer im Heck, unter den Passagieren, untergebracht gewesen. Dies war die Geburtsstunde unseres heutigen Automobils: Motor vorne, angeflanschtes Viergang-Getriebe, Heckantrieb mit Kardanwelle. Der Daimler »**Phoenix**« – so der Name der neuen Baureihe – revolutionierte von 1897 an den Automobilbau.

Der Mercedes »Simplex« schrieb mit seiner fortschrittlichen Technik Automobilgeschichte. Der Vierzylinderwagen wurde stetig weiterentwickelt und von 1903 bis 1919 gebaut.

Nur ein Jahr später orderte Jellinek einen Vierzylinder-Rennwagen, der mit immerhin 24 PS Leistung im Jahre 1899 bei der Rennwoche in Nizza mit einigen guten Platzierungen aufwarten konnte. In diesem Jahr sollte der Phoenix auch mit einem 1,8 Liter großen Vierzylindermotor mit 6, 8 oder 10 PS Leistung im normalen Verkaufsprogramm auftauchen.

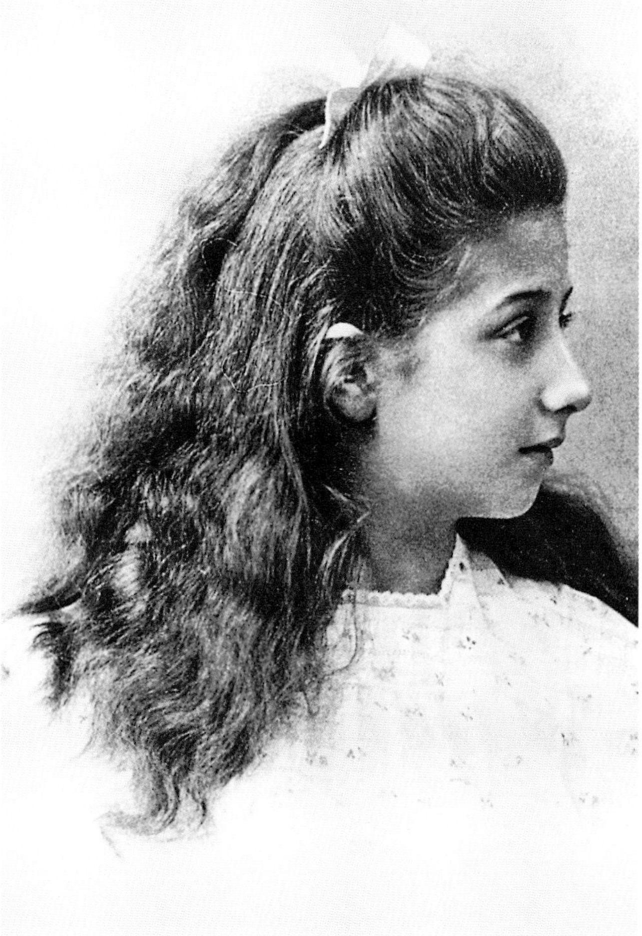

Ihr Name fährt heute auf Millionen von Fahrzeugen um die Welt: Mercedes Jellinek.

Emil Jellinek entwickelte immer mehr Aktivitäten. Zuerst einmal aktivierte er das Rennprogramm: Bis 1902 sollten immer größere und stärkere Vierzylinder mit bis zu 6,6 Liter Hubraum und 40 PS an den Rennwochen in Nizza teilnehmen. Parallel dazu hatte er bei Wilhelm Maybach 36 Fahrzeuge eines kleinen, 8 PS starken Vierzylinders bestellt. Die einzige Bedingung: Die Fahrzeuge mussten den Namen seiner Tochter Mercedes tragen. Die Bestellung – immerhin ein Viertel der Jahresproduktion mit einem Wert von 550.000 Goldmark – wurde freudig akzeptiert. Und was den Namen betraf: Nachdem die englischen Lizenznehmer ihre Fahrzeuge ebenfalls Daimler nennen durften, war man sogar glücklich darüber, gegenüber den Briten eine neue Abgrenzung gefunden zu haben.

So wurde der Name »**Mercedes**« 1902 gesetzlich geschützt, und ein Jahr später bekam Emil Jellinek von der Wiener Statthalterei per Dekret die Genehmigung, sich fortan Jellinek-Mercedes zu nennen. Sein Kommentar dazu: »Wohl zum ersten Mal trägt ein Vater den Namen seiner Tochter.« Emil Jellinek war zweifellos einer der Väter des Automobils. Er stellte klare Forderungen, und die Grundkonzeption des Autos in seiner heutigen Form stammte von ihm. Andererseits war er ein technischer Laie, und ohne den großartigen Wilhelm Maybach, der Jellineks Ideen in die Realität umsetzen konnte, wäre manches anders gelaufen.

Während die Firma Benz dank der Phoenix-Fahrzeuge der Konkurrenz aus Cannstatt in immer größere Schwierigkeiten geriet, hatten Jellinek und Maybach ihre lieben Sorgen mit Max von Duttenhofer, der seiner Berliner Firma eindeutig den Vorzug gab. Doch der Einfluss von Jellinek wuchs: Er drängte die Schwaben zum Bau der Rennwagen, die über etliche technische Details verfügten, die ihrer Zeit weit voraus waren. So hatte Wilhelm Maybach dem 35 PS starken 5,9-Liter-Vierzylinder des Wagens von 1901 bereits zwei unten liegende Nockenwellen für die Steuerung der Ein- und Auslassventile zukommen lassen, und je ein Spritzdüsenvergaser speiste ein Zylinderpaar. Um die neun Liter Wasser der Motorkühlung zu sichern, hatte Maybach einen Bienenwabenkühler entwickelt, der in der damaligen Form mit seinen 8.070 Luftdurchtrittsröhrchen die Form der Mercedes-Kühler über viele Jahrzehnte hinweg prägte. Dazu wurde das Fahrgestell länger und niedriger, damit ein tief eingebauter Motor einen weit nach unten verlagerten Schwerpunkt sichern half.

Jellinek hatte für den Bau dieser Fahrzeuge kämpfen und viel Geld ausgeben müssen, sodass es nicht weiter wundert, dass er die Bestellung seiner 36 »Mercedes«-Fahrzeuge mit der Forderung verband, ihm den Alleinvertrieb für Österreich-Ungarn, Frankreich, Belgien und die USA zu übertragen. Man entsprach dem Wunsch und gestattete ihm auch, die Fahrzeuge in seinem Vertriebsbereich als »Mercedes«-Fahrzeuge zu verkaufen – in den anderen Ländern sollten sie als »Neue Mercedes« angeboten werden. Die von Jellinek angeregten Modelle bewährten sich so rasch auf Rennstrecken und normalen Straßen, dass Paul Meyan, der Generalsekretär des Automobilclubs von Frankreich bereits 1901 schrieb: »Wir sind nun in die Ära Mercedes eingetreten.«
Bei Benz sollte es bis 1905 dauern, bis – unter einer neuen Führung – wieder schwarze Zahlen geschrieben wurden. Mit einer Reihe von Zwei- und Vierzylindermotoren mit bis zu 40 PS Leistung wurde der technische Anschluss an die Konkurrenz von Daimler gefunden, und als man 1910 beschloss, einen kleineren Vierzylinder-Mittelklassewagen zu entwickeln, der von 1910 bis 1912 als **»8/18 PS«** mit 2 Liter Hubraum rund 60 km/h erreichte, wendete sich das Blatt endgültig zum Guten. Von 1912 an leistete der nunmehr 65 km/h schnelle **»8/20 PS«** zwei Pferdestärken mehr. Er verkaufte sich bis 1921 hervorragend. Parallel dazu gab es natürlich auch größere Modelle, darunter von 1914 an einen Reihen-Sechszylinder, der mit bis zu 70 PS die wenigen Reichen des Landes erfreute.
Zu derselben Zeit, in der der 8/18 PS entwickelt wurde, begann sich Prosper l`Orange – ein junger französischer Ingenieur im Dienste des Hauses Benz – mit dem Motor des deutschen Erfinders Rudolf Diesel zu beschäftigen. Prosper l`Orange war 1909 zum Leiter des Motorenbaus bestellt worden. Er sollte unter anderem einen kleinen, leichten und schnelllaufenden Dieselmotor ent-

Vor dem Ersten Weltkrieg nahmen die Triebwerke der Rennwagen gigantische Ausmaße an. Dieses Exemplar aus dem Hause Benz hatte einen Vierzylinder mit 21.500 ccm Hubraum.

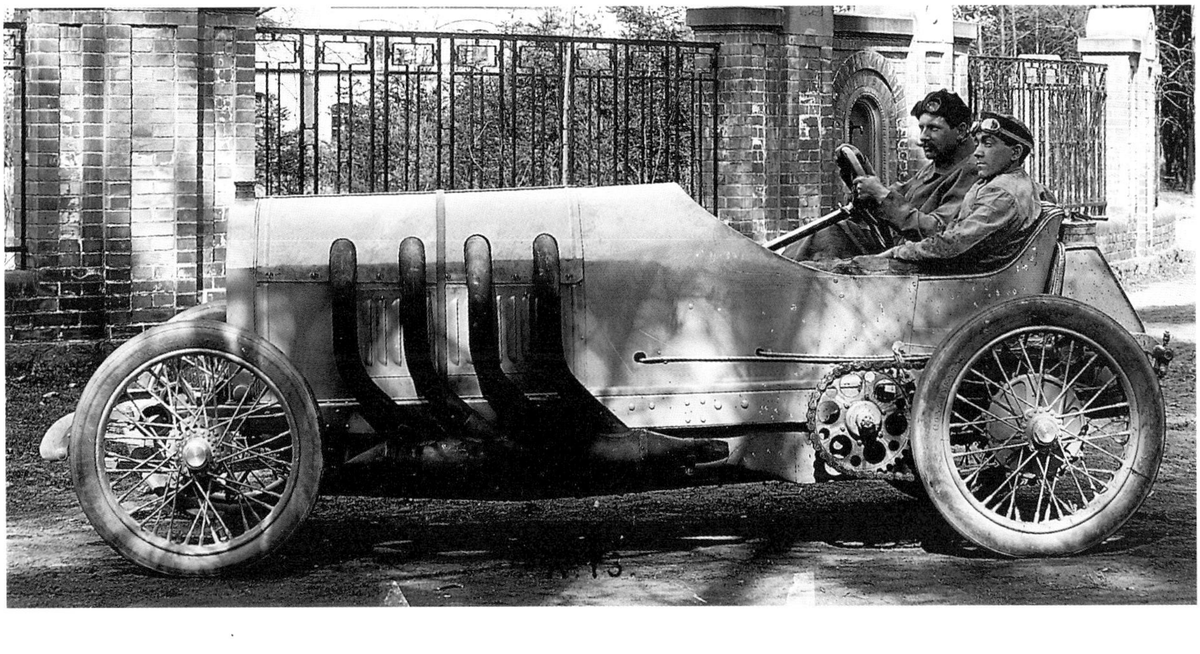

wickeln. Dazu konstruierte l`Orange ein Vorkammer-Patent, das allerdings noch nicht perfekt funktionierte. Dann kam der Erste Weltkrieg, und nun hatte das Militär mit seinen Wünschen das Sagen. Erst nach dem Krieg konnte der Franzose in deutschen Diensten weiter an seiner Erfindung arbeiten. Bis zur Serienfertigung des ersten Diesel-Fahrzeugs der Welt sollten noch einige Jahre vergehen: Der 260 D wurde erst 1936 vorgestellt.

Relativ früh hatten sich Daimler und Benz auch um die Entwicklung von Flugmotoren gekümmert. Der Anlass dafür war der »Kaiser«-Preis, ein mit 50.000 Goldmark dotierter Wettbewerb, den Wilhelm II. am 12. Januar 1912 für den besten Motor ausgesetzt hatte, der innerhalb des darauf folgenden Jahres entwickelt wurde. Hierbei traten 1913 26 Wettbewerber mit immerhin 44 verschiedenen Triebwerken an. Die Produkte von zwei Firmen hielten alle Probeläufe durch: ein Vierzylinder von Benz und ein Sechszylinder von Daimler. Kein Wunder, dass beide Unternehmen nun von den Militärs gute Aufträge erwarten durften.

Der Wiederaufstieg des Hauses Benz war aber auch auf den Abschied von Wilhelm Maybach im Jahre 1907 zurückzuführen. Der Mann, von dem Emil Jellinek einmal sagte, dass er »auf Kommando erfinden könne«, wurde durch Paul Daimler, den Sohn des Firmengründers ersetzt. Paul Daimler war 1905 von der Wiener Tochtergesellschaft zurückgerufen worden – wo seine Nachfolge ein gewisser Ferdinand Porsche antrat – und verlegte sich mehr auf die Konstruktion kleiner Vierzylinderfahrzeuge. Sechs- und Achtzylinder sollten im neuen Modellprogramm eher die Ausnahme werden.

Um 1908 herum hörte Paul Daimler von dem so genannten Schiebermotor des Amerikaners Charles Y. Knight, bei dem durch den Wegfall der Ein- und Auslassventile das Motorgewicht sinken, die Drehzahl steigen und der Verbrauch reduziert werden sollten. Für den Gaswechsel verwendete Knight stattdessen Schieber, die die Ein- und Auslasskanäle öffneten und schlossen. Dass diese Technik in der Theorie brillant, die Kühlung und die Schmierung der Schieber in der Praxis aber kaum zu bewältigen war, erkannte Paul Daimler erst viel später – nachdem er jede Menge Zeit und Geld für die Forschung, die Produktionseinrichtung und die Beruhigung der rund 5.000 Kunden aufgebracht hatte. So sollte die Produktion auch 1923 wieder eingestellt werden.

Im Laufe des Krieges wurde der Flugmotorenbau immer wichtiger – wo gab es schließlich noch Kunden für die Automobile? Um 1915 nahmen

Von 1912 bis 1914 war das »Runabout Sportmodell« bei Benz im Programm: Die Leistung betrug etwa 30 PS, die bei 1.750/min abgegeben wurden.

die Aufträge der Luftwaffe schließlich einen solchen Umfang an, dass die »Daimler-Motoren-Gesellschaft« beschloss, auch komplette Flugzeuge ins Programm aufzunehmen. Dafür kaufte sie in Sindelfingen ein 500.000 qm großes Gelände, das später zum Karosseriewerk umgewandelt wurde, und auf dem heute das Hauptwerk für den Pkw-Bau steht.

Von Ferdinand Porsche entworfen: Dieser Rennmotor mit acht Zylindern und dem vorne angeblockten Kompressor entstand 1925.

Immer wieder forderten die Militärs noch mehr Leistung für ihre Flugzeuge – nur wer mehr Leistung hatte, konnte höher als der Feind fliegen. Und wer den Feind von oben angreifen konnte, hatte eigentlich schon gewonnen. Dass der Feind dieselben Überlegungen anstellte, machte die Sache für die Konstrukteure allerdings nicht einfacher.

Also griff man bei Daimler zum Hilfsmittel der mechanischen Aufladung. Roots-Gebläse wurden übernommen und den Sechs- und Achtzylindermotoren angepasst. Hier sammelte man die Erfahrungen mit einer Technik, die später den berühmten Kompressorfahrzeugen zu Gute kommen sollte. Gegen Ende des Krieges gab es sogar noch einen 500 PS starken Achtzylinder- und einen 600 PS leistenden Sechszylinder-Flugmotor – beide kamen gegen Ende 1918 auch noch in kleinsten Stückzahlen zum Einsatz, doch es wurde immer schwieriger, die hochwertigen Materialien, die für den Bau solcher Triebwerke benötigt wurden, aufzutreiben.
Als der Krieg vorbei war, ging es allen deutschen Herstellern schlecht: Zu viele Arbeiter produzierten zu viele Fahrzeuge, für die sich zu wenig Käufer fanden. Der Flugzeugbau wurde von den Siegermächten verboten, die Inflation brachte die Menschen um ihre Ersparnisse, und die unruhigen politischen Verhältnisse ließen selbst den, der noch Geld für Investitionen besessen hätte, von solchen Abenteuern Abstand nehmen.
Keine Frage – die Zeit rief nach taktischen Allianzen, und es gab auch erste vertrauliche Verhandlungen, ob die Häuser Daimler und Benz nicht gemeinsam in eine hoffentlich bessere Zukunft schreiten sollten. Aber noch hofften alle Beteiligten, von selbst wieder auf die Beine zu kommen.

Eine der herausragenden Persönlichkeiten unter den ersten Konstrukteuren war Ferdinand Porsche, der von 1920 bis 1929 als Chefkonstrukteur bei Daimler tätig war.

Bei Daimler schien man für eine bessere Zeit gerüstet zu sein. Nachdem der Bau von Flugmotoren verboten war, steckte der neu eingestellte technische Direktor Ferdinand Porsche das Kompressorwissen eben in einen Fahrzeugmotor. So stand 1921 auf der Berliner Automobil-Ausstellung der erste **Mercedes-Kompressorwagen**.
Mit dem **»6/25/40 PS«** und dem **»10/40/65 PS«** konnten sich die Cannstatter rasch wieder den hervorragenden Ruf aufbauen, den sie seit der Jahrhundertwende hatten. Die Typbezeichnung setzt sich übrigens aus den (kompliziert zu errechnenden) Steuer-PS, der normalen Leistung und derjenigen bei zugeschaltetem Kompressor zusammen.

Die Vierzylinder mit Kompressor erreichten immerhin aus 1,6 Liter Hubraum (6/25/40 PS) 100 km/h Geschwindigkeit und aus 2,6 Liter 110 km/h (10/40/65 PS) – und konnten so mit wesentlich größeren und schwereren Fahrzeugen konkurrieren.

Eine aufwändige Technik, der sich das eher konservative Haus Benz nicht anschließen mochte, denn hier entstanden solide Vier- und Sechszylinder mit bis zu 7 Liter Hubraum, die sich mehr durch Solidität als durch technische Extravaganzen auszeichneten. Der einzige Ausrutscher dürfte in Mannheim der **»Tropfenwagen«** gewesen sein, ein 2-Liter-Mittelmotor-Sportwagen, dessen 90 PS Leistung den außergewöhnlich gezeichneten Wagen auf bis zu 160 km/h beschleunigten. Ob man eine Serienfertigung wirklich in Erwägung zog, ist heute nicht mehr eruierbar – auf jeden Fall trat der Wagen 1923 auf der Rennstrecke in Monza an.
Aber die nun anstehende Fusionierung mit dem Hause Daimler bereitete allen Plänen mit dem außergewöhnlichen Wagen, der seiner Zeit in vielen Details voraus war, ein Ende.

In Zusammenarbeit mit dem Flugpionier Edmund Rumpler entstand 1921 der »Tropfenwagen«, der von einem Benz 10/30-PS-Motor angetrieben wurde.

Wie Mercedes und Benz zueinander fanden –

und die 1930er-Jahre zur Legendenbildung beitrugen

Der große Börsenkrach des Jahres 1929 trug zwar entscheidend zu dem Ende vieler renommierter Firmen bei, allerdings hatte es sich schon seit mehreren Jahren abgezeichnet, dass in Deutschland noch zu viele verschiedene Fahrzeugtypen mit zu viel Handarbeit gefertigt wurden. Nicht umsonst sollte eine Kommission des amerikanischen Herstellers General Motors im Januar 1929 bei einer Besichtigung des Opel-Werks in Rüsselsheim – das man zu kaufen gedachte – feststellen, dass hier »ein Entwicklungsstand vorzufinden war, der dem der Vereinigten Staaten von 1911 entsprach.«

Den meisten deutschen Herstellern ging es schlecht – sie hangelten sich von einem Auftrag zum anderen. Nur allzu oft bereiteten die Zulieferer dem traurigen Spiel ein Ende, wenn sie mangels Bezahlung vor Gericht gingen und die wenigen kompletten Fahrzeuge pfändeten. Oft waren es aber auch raffinierte Spekulanten, die rasch an das große Geld kommen wollten – und es genauso schnell wieder verloren.

Der Mercedes 24/100/140 PS verfügte über einen Sechszylindermotor mit 6.240 ccm Hubraum. Das 120 km/h schnelle Oberklassenmodell wurde von 1924 bis 1929 angeboten.

Einer dieser Männer war Jakob Schapiro. Er war während des Ersten Weltkriegs aus Odessa nach Berlin gekommen und hatte mit seinem ersten Geld (über dessen Herkunft niemand etwas herausbekommen konnte) die Karosseriewerke Schebera übernommen, die zu dieser Zeit für Adler, Benz, Daimler, Opel und Protos arbeiteten. Schapiro erkannte als einer der ersten die Spielregeln der langsam am Horizont heraufziehenden Inflation: Er versorgte sich bei den Produzenten mit großen Mengen von Fahrgestellen, bezahlte sie mit Wechseln – und ließ sie dann so lange prolongieren, bis sie nur noch Pfennige wert waren.

Endlich vereint: Mercedes und Benz – die beiden ältesten Autofirmen der Welt – fusionierten am 17. Oktober 1926.

So hatte Schapiro beispielsweise 1921 bei den Benz-Werken 200 Fahrgestelle des Typs **8/20 PS** erworben und mit Wechseln bezahlt. Während man in Mannheim auf das Geld wartete, hatte Schapiro längst damit begonnen, mit dem Erlös der mittlerweile karossierten Fahrzeuge Aktien des Hauses zu kaufen. Alle Mahnbriefe wurden mit dem Hinweis zurückgeschickt, dass die Wechsel prolongiert seien. Als Schapiro im März 1923 aufgefordert wurde, nun endlich seine Rechnungen zu bezahlen, hatte dieser bereits 40 Prozent der Aktien in seinem Besitz, und die überraschten Mannheimer mussten ihn in den Vorstand aufnehmen. Ein Jahr später hatte er bereits 60 Prozent der Benz-Aktien, und bei Daimler war er auch schon mit 25 Prozent beteiligt. Dazu kamen die Gothaer Waggonfabrik samt den Dixi- und Cyklon-Werken sowie NSU, NAG und Hansa-Lloyd. Schapiro wollte letztlich den Großteil der deutschen Automobilindustrie unter seiner Federführung vereinigen – und er war seinem Ziel schon recht nahe gekommen. Hier trat nun Emil Georg von Stauss auf, der Vorstandssprecher der Deutschen Bank, der zusammen mit Wilhelm Kissel, dem Direktor des Hauses Benz, seine Gegenstrategie darauf aufbaute, dass die Deutsche Bank alle Schapiro-Wechsel aufkaufte und bei der Fälligkeit die Prolongation verweigerte. Schapiro musste nun also jedesmal Anteile an die Deutsche Bank abgeben, da er ja sonst über kein Bargeld verfügte. So schwanden seine Anteile bei Daimler und bei Benz auf ganze 16 Prozent. Und die Deutsche Bank kam mit dieser Strategie in den Besitz eines Großteils der Aktien der Automobilindustrie.

Trotz der hervorragenden Namen der Firmen Daimler und Benz war aber allen Beteiligten klar, dass das Überleben der einzelnen Häuser keineswegs gesichert war. Es ist Wilhelm Kissel zu verdanken, daß die Fusion der beiden ältesten Autofirmen der Welt zustande kam. Der 1885 geborene Kissel war im Alter von 19 Jahren als Korrespondent bei der Firma Benz & Cie. in Mannheim eingetreten, 1917 erhielt er Prokura, kurz darauf wurde er Direktor. Er hatte das Spiel des Jakob Schapiro miterleben müssen und machte sich auf die Suche nach einem adäquaten Partner – den er auch bald in Daimler gefunden hatte.

Zur gehobenen Mittelklasse gerhörte der 85 km/h schnelle Typ »Stuttgart«, dessen 50 PS starker Sechszylinder über 2.581 ccm Hubraum verfügte.

Nach langen Diskussionen wurde im Mai 1924 eine Interessen- und Verkaufsgemeinschaft der beiden Unternehmen gegründet – dann verhandelte man über eine Gemeinschaftsquote, damit die beiden Bilanzen auf eine gemeinsame Ebene gebracht werden konnten. Dabei bekam Daimler 654 Tausendstel und Benz 346 Tausendstel zugesprochen. Obwohl diese Interessen- und Verkaufsgemeinschaft eine Laufzeit bis zum Jahr 2000 hatte, sorgten die Ereignisse der nächsten Jahre dann doch für eine Beschleunigung der Fusion: 1925 bauten beide Firmen nur noch 3.666 Personenwagen – das entsprach dem Stand von 1910. Als diese Zahl nur ein Jahr später um weitere 40 Prozent sank, wurde am 17. Oktober 1926 endgültig fusioniert. Schapiro – der ja weiterhin 16 Prozent der Aktien besaß – saß zwar noch weiter im Aufsichtsrat, musste aber 1929 ausscheiden, nachdem die Deutsche Bank die total verschuldeten Firmen Dixi und BMW und die Dresdner Bank gemeinsam mit FIAT die ebenso ruinierten NSU-Werke übernommen hatten.

Es sollte seine Zeit dauern, bis sich die Stuttgarter Daimler-Mannschaft mit den neuen Partnern aus Mannheim arrangiert hatte. Als Wilhelm Kissel in Stuttgart eintraf, stand vor dem Bahnhof nur ein 10/30-PS-Benz zur Abholung bereit. Und als Büro war lediglich eine kleine, nur mit Schreibtisch, Stuhl und Aktenschrank eingerichtete Kammer bereitgehalten worden. Kissel zeigte aber – zusammen mit dem Baurat Fritz Nallinger und dem Chefkonstrukteur Hans Nibel, die er aus Mannheim mitgebracht hatte –,

Ein Werbeprospekt für den Typ »Stuttgart« aus dem Jahr 1929.

dass es ihm nur um den Erfolg der Firma Daimler-Benz ging. Dies konnten die Betrachter bereits im Jahre 1927 sehen, als das erste gemeinsame Modellprogramm realisiert wurde – und die Fahrzeuge des Hauses Benz verschwunden waren. Nach den anfänglichen Problemen hatte es Kissel schließlich immer leichter in Stuttgart. Er arbeitete hart und erfolgreich, Mercedes-Benz wurde einer der großen Namen im Automobilbau. Dass sich Kissel den kühlen Empfang in Stuttgart aber gemerkt hatte, sollte sich daran zeigen, dass der Generaldirektor Kissel seine kleine Kammer bis zu seinem Tod im Jahre 1942 als Büro behalten sollte.

Um die Zukunft des neu gegründeten Unternehmens zu sichern, strafften Kissel und sein Team das Modellprogramm deutlich. 1926 konnten aber trotz aller Bemühungen nur noch 1.372 Personenwagen und 830 Lastwagen an den Mann gebracht werden, was letztlich zu der bereits erwähnten vorgezogenen Fusionierung im Herbst dieses Jahres führen sollte. Neben der Straffung des Modellprogramms führte Kissel in diesem Jahr aber auch noch die Absatzfinanzierung zur Förderung des Verkaufs ein – eine Maßnahme, die in diesen schlechten Zeiten zwar noch nicht richtig greifen konnte, sich aber langfristig hervorragend bewährte.

Das erste Modellprogramm des Hauses Mercedes-Benz bestand aus vier Modellreihen, an deren Spitze die großen Modelle des »**Typ 630**« standen. Der auf nunmehr 6,3 Liter Hubraum vergrößerte Reihen-Sechszylinder hatte aber auch Verstärkung bekommen: mit dem nun mit einem Kompressor versehenen Modell **24/100/140 PS** (das mit einem Preis von

Wer über mehr Geld und Geschmack verfügte, kaufte 1931 bis 1933 den Typ 370 S »Mannheim« mit 78 PS Leistung als elegantes Cabriolet.

20.750 RM allerdings nur für die wenigsten in Frage kam) und dem Spitzenmodell 26/120/180 PS – bekannter unter dem Namen **Typ S**. Der Typ S sollte zum Stammvater der berühmten **SS-, SSK- und SSKL-**Modelle werden, die den Ruhm des Hauses wie nur wenige andere Modelle vermehren sollten. Wer aber nicht ganz so viel Geld ausgeben wollte, konnte zu dem von Ferdinand Porsche entwickelten »**Typ Stuttgart**« 15/55 PS mit 2,0 oder 2,6 Liter Hubraum greifen, der als Fahrgestell 6.500 RM und als sechssitzige Limousine 7.800 RM kostete.

Nur einmal versuchte sich Mercedes-Benz an einem Kleinwagen: Der Typ 130 besaß einen Zentralrohrrahmen und einen Vierzylinder mit 1.308 ccm Hubraum, der im Heck montiert war. Die 26 PS starke Cabriolet-Limousine kostete 3.625 RM.

Während diese Modellreihen in Untertürkheim gefertigt wurden, entstanden die anderen Baureihen, die noch zu den Zeiten der Firma Benz entwickelt worden waren, in Mannheim. Es handelte sich dabei um die Typen »**320**« und »**350**« – mit 3,0 und 3,5 Liter Hubraum – und den »**Typ Nürburg**«, der mit seinem 4,6-Liter-Reihen-Achtzylinder für die anspruchsvollen Kunden gedacht war.

Wilhelm Kissel war sich aber darüber im Klaren, dass man in solch schlechten Zeiten auch über einen Kleinwagen im Programm verfügen sollte, und so hatte Ferdinand Porsche in der Versuchsabteilung einen Kleinwagen unter

Das 370 S »Mannheim« Cabriolet A gehörte 1931 zu den schönsten Fahrzeugen auf dem Markt – heute sind derartige Fahrzeuge nahezu unbezahlbar. (Vorhergehende Doppelseite)

der Code-Nummer W 01 entwickelt, der allerdings mit einem Reihen-Sechszylinder bei nur 1,4 Liter Hubraum und einem ziemlich aufwändigen Fahrwerk in der Produktion so teuer geworden wäre, dass es Kissel bei dem Bau der acht Prototypen beließ. Ferdinand Porsche hatte nach dieser Entscheidung im Vorstand den Ruf, nur teure und aufwändige Fahrzeuge bauen zu können – einen Ruf, den er erst gegen Mitte und Ende der 1930er-Jahre mit der Konstruktion des Volkswagens und dem Bau des VW-Werks in Wolfsburg los wurde.

Ein Jahr später wurde Wilhelm Kissel dann auch offiziell zum Vorstandsvorsitzenden und damit zum unumschränkten Chef über 18.124 Angestellte und Arbeiter ernannt. 1927 verlagerte man auch die Endmontage der Personenwagen nach Untertürkheim. Nun wurden die Karosserien auf Spezialtransportern von Sindelfingen nach Untertürkheim gebracht und dort montiert.

Natürlich gab es bei Daimler-Benz mit den insgesamt vier Baureihen und der Vielfalt an Modellen ein breites Angebot für die Kundschaft. Das Einzige, was den Stuttgartern im Programm fehlte, war ein richtiger Kleinwagen. Wilhelm Kissel wurde aber nach den ersten Prototypen seines Chefkonstrukteurs Ferdinand Porsche rasch klar, dass das Unternehmen mit einem solchen Modell wahrscheinlich nicht glücklich geworden wäre. Natürlich hätten die Ingenieure, mit der vorhandenen Kompetenz, durchaus einen dem Niveau des Hauses entsprechenden Wagen auf die Räder stellen können. Aber mit dem Bau eines solchen preisgünstigen Fahrzeugs wäre man bei der mehr auf Edelmodelle ausgerichteten Firma wohl in Schwierigkeiten gekommen, denn für die nötigen hohen Stückzahlen war man gar nicht eingerichtet. Und man sah auch bei Opel und den anderen Großserien-Herstellern, welch riesige Investitionen die Massenproduktion von Fahrzeugen erforderte.

Die berühmte Pariser Karosseriefabrik Saoutchik lieferte diesen Sonderaufbau auf dem Fahrgestell eines »SSK«.

Wer sich 1928 einen Mercedes Typ 460 »Nürburg« leisten konnte, bekam eines der besten Fahrzeuge dieser Tage geliefert – mit einem Reihen-Achtzylinder mit 4.622 ccm Hubraum, 80 PS Leistung und einer Höchstgeschwindigkeit von 100 km/h.

So entstanden 1928 nochmals 28 Prototypen des nunmehr **W 14** benannten Kleinwagen-Projekts. Der Vorstand hätte sich eventuell sogar vorstellen können, monatlich 1.000 Exemplare des nur noch 1,3 Liter großen Sechszylinders bauen zu lassen, doch der Aufsichtsrat weigerte sich, die 10 Millionen Reichsmark, die für die Produktionsvorbereitung und -einrichtung nötig gewesen wären, freizugeben. Damit war der letzte Versuch des Hauses, doch noch bei den Kleinwagen einzusteigen, beendet. Ein Ende, an das sich das Stuttgarter Unternehmen übrigens bis in die 1990er-Jahre halten sollte. Erst mit der Einführung der A-Klasse im Herbst 1997 war die Marke mit dem Stern erstmals auch in der 1,4-Liter-Hubraumklasse vertreten.

Der Typ 770 K »Großer Mercedes« war das absolute Top-Modell des Hauses, angetrieben von einem 200 PS starken Achtzylinder mit Kompressor. Von der Staatskarosse, die hier für einen Autokorso geschmückt ist, sollten nur 117 Exemplare ausgeliefert werden.

So beließ man es in Stuttgart gegen Ende der 1920er-Jahre bei den insgesamt vier Modellreihen – die allerdings mit immer mehr Varianten angeboten wurden. Langsam begann sich die Konjunktur aber wieder zu erholen. Deshalb wurde 1929 eine neue Modellreihe ins Programm genommen: der »**Typ Mannheim**«, der mit seinen Reihen-Sechszylindern mit 3,5 und 3,7 Liter Hubraum in der gehobenen Mittelklasse reüssierte. Zwar sollten sich die erhofften Verkaufszahlen letztlich nicht erreichen lassen, dennoch sorgten die hohe Qualität und die Unverwüstlichkeit der Technik dieser Modellreihe für eine hervorragende Werbung für das Unternehmen.

Dann kam der »Schwarze Freitag«, jener 25. Oktober 1929, an dem die Börse in New York ihren Zusammenbruch erlitt – ein Datum, das auch die

deutsche Automobilindustrie nicht unbelastet ließ: Der Zustrom ausländischer Kredite hatte praktisch aufgehört, und die privaten Unternehmer und die öffentliche Hand hielten sich beim Autokauf immer stärker zurück. Die Konsequenz hieß: Arbeiter entlassen, das Überleben versuchen.
Wilhelm Kissel reagierte rasch – bereits am 29. Oktober wurde durch einen Vorstandsbeschluss entschieden, dass allmählich die gesamte Mannheimer Produktion von Personenwagen nach Untertürkheim überführt werden sollte. Ein Prozess, der bis zum Herbst 1932 praktisch abgeschlossen war und dafür sorgte, dass das Unternehmen von den zwei teuren, getrennten Pkw-Produktionsstandorten befreit wurde.
Natürlich wirkte sich der »Schwarze Freitag« auch auf die Verkaufszahlen des Jahres 1930 aus: Statt 8.461 wurden nur 6.130 Fahrzeuge ausgeliefert. Entsprechend sank auch die Anzahl der Beschäftigten: von 14.281 auf 9.786. Der Großteil dieser Personen wurde aus dem Werk Mannheim entlassen, dessen Pkw-Produktion ja kontinuierlich abgebaut wurde. Dort reduzierte sich die Zahl der Beschäftigten von 2.980 auf 982 Personen. Dennoch arbeitete man an neuen Varianten: Die Modellpalette des Typ Mannheim wurde um den **370 K** (mit Kompressor) und den **370 S** erweitert. Dass man in Untertürkheim auch wieder an bessere Zeiten glaubte, zeigt aber noch

1924 erschien bei Mercedes der Typ 15/70/100 PS, ein Sechszylinder mit Kompressor, der nach der Fusion mit Benz in Typ 400 umbenannt wurde und bis 1929 im Programm blieb – die Höchstgeschwindigkeit: 118 km/h.

Der japanische Filmkönig Nagasama Kawakita erwarb einen 6,8 Liter Mercedes »S«. Dieses 180 PS starke Modell, das von 1926 bis 1930 gebaut wurde, kostete mehr als 30.000 RM.

Für den Gegenwert eines Typ 770 K konnte man sich in den 1930er-Jahren in der teuersten Lage Berlins eine riesige Villa kaufen. Kein Wunder, dass sich nur Industriemagnaten und Politiker die Kompressor-Limousine mit dem 7.655 ccm großen Achtzylinder leisten konnten.

viel stärker die Tatsache, dass die ersten Vorserienfahrzeuge des **Typ 770** in den Versuch kamen. Dahinter verbarg sich der Typ »**Großer Mercedes**«, der Repräsentationswagen des Hauses schlechthin, der langfristig den Typ Nürburg ablösen sollte.

Insgesamt wurden von dem Wagen bis zur Produktionseinstellung 1938 nur 117 Exemplare gebaut – für Staatsoberhäupter, Könige und die Besitzer der größten Industrieunternehmen wie beispielsweise Friedrich Krupp.
Der Reihen-Achtzylinder mit Kompressor feierte im Herbst 1930 auf dem Pariser Automobilsalon seine offizielle Weltpremiere. Als der Preis für dieses Spitzenerzeugnis aus Stuttgart genannt wurde, atmeten auch die Reichen dieser Erde erst einmal tief durch: Für das **Cabriolet B, D** und **F** wurden 47.500 Reichsmark in Rechnung gestellt. Eine beachtliche Summe, für die man auch in den teuersten Vierteln Berlins eine große Villa erwerben konnte.

Der »Große Mercedes« war aber in Realität nichts anderes als ein hoch subventioniertes Werbegeschenk für die wenigen Käufer, denn selbst bei seinem exorbitanten Preis zahlte das Unternehmen (wenn man die Entwicklungskosten und den Serviceaufwand mitberechnete) noch immer bei jedem Fahrzeug etliche Reichsmark drauf. Ein Schicksal, das übrigens in den 60er Jahren der Mercedes 600 mit dem Typ 770 teilen sollte. Als die mittlerweile legendäre Staatskarosse auf dem Pariser Autosalon den ersten Auftritt feiern konnte, ging es dem Unternehmen nicht sonderlich gut. Die Nachwehen des New Yorker Börsenkrachs sollten sich noch bis 1932 hinziehen. So wundert es auch nicht weiter, dass der Jubiläumsbericht der Daimler Benz AG zum 75-jährigen Bestehen im Jahre 1961 das Jahr 1930 mit den lapidaren Worten »Fortsetzung der Schrumpfung in allen Produktionsgebieten« beschrieb. Ähnlich sollte es auch 1931 weitergehen: Der Geschäftsrückgang nahm zu, der Preiskampf ebenfalls. Die Anzahl der Beschäftigten fiel weiter auf nun 9.334 Mitarbeiter. Nur das Jahr 1932 sollte noch schlechter werden.

Wilhelm Kissel wusste, dass seine fantastischen Luxuswagen zwar für einen großartigen Ruf sorgten, doch die Klientel, die sich solche Fahrzeuge leisten konnte, wurde immer kleiner. Deshalb bemühte man sich einmal mehr um einen relativ kleinen Wagen.
Von dem W 15 oder **Typ 170** konnten 1931 dann auch bereits die ersten 173 Exemplare ausgeliefert werden. Der kleine Sechszylinder sollte in den nächsten Jahren in immer größeren Stückzahlen ausgeliefert werden und entscheidend zum Überleben des Unternehmens beitragen.
Bereits 1932 konnten schon 4.438 Exemplare verkauft werden – und damit hatte der »Kleine« es bereits geschafft, mehr als zwei Drittel der Gesamtproduktion der Marke mit dem Stern von insgesamt 6.057 Fahrzeugen zu erreichen.

Mit dem 170er hatte der Chefkonstrukteur Hans Nibel – Ferdinand Porsche hatte das Unternehmen bereits 1929 im Streit verlassen – einen ungewöhnlich fahrsicheren Wagen konstruiert, dessen »Schwingachse« (eine Einzelrad-Aufhängung) den Ruf des Hauses, besonders sichere Fahrzeuge anzubieten, gefestigt hatte. Und das alles zum ziemlich attraktiven Preis von 4.400 Reichsmark – kein Wunder, dass der Typ 170 dem Namen aus Untertürkheim letztlich das Überleben sichern half.

Und so sollten wir, wenn die Sprache auf die beeindruckenden Kompressormodelle des Hauses Mercedes-Benz kommt, nicht vergessen, dass die wenigen kraftstrotzenden Gefährte, die jährlich in zweistelligen Stückzahlen entstanden, ohne die vielen tausend kleinen Sechszylinder des Typs 170 nie hätten entstehen können. Da aber auch die Käufer kleiner Fahrzeuge von attraktiven Cabriolets träumen, lieferte Mercedes-Benz vom Herbst 1932 an ein zweisitziges **Cabriolet A** auf der Basis des 170ers aus.

Obwohl im noch immer krisengeschüttelten Jahre 1932 die Gesamtzahl der Arbeiter und Angestellten auf einem nie wieder erreichten Tiefstand anlangte (8.850 Personen), nahm die Produktion der Fahrzeuge langsam wieder zu. Es schien mit dem Haus wieder aufwärts zu gehen.

Aus dem Daimler 24/100/140 PS entstanden von 1927 an die 20 PS stärkeren 24/110/160 PS-Modelle, die erstmals den Namen »K« trugen. Dieses Modell hat eine Sonderkarosserie von Saoutchik.

Einigkeit macht stark –

und die »Silberpfeile« sorgten weltweit für Image

Es war nicht einfach gewesen, aus den beiden Häusern Daimler und Benz ein gemeinsames Unternehmen zu schmieden: Wilhelm Kissel hatte mit zwei unterschiedlichen Unternehmenskulturen zu kämpfen, dazu fand er bei der Daimler AG mit Ferdinand Porsche einen äußerst selbstbewussten technischen Direktor vor, und die Kämpfe mit dem Spekulanten Schapiro hatten auch Kraft gekostet. Dann waren noch der große Börsenkrach, die Inflation und die politischen Unruhen im Deutschen Reich dazugekommen. Aber nun, im Jahre 1932, schien es endlich wieder voranzugehen.

Dass das Unternehmen in den folgenden Jahren endgültig zu einer der führenden Autofirmen der Welt mutierte, um deren Produkte sich britische Aristokraten genauso wie indische Maharadschahs und peruanische Zinn-Milliardäre reißen sollten, hatte allerdings mehrere Ursachen. Zuerst war da natürlich die unschlagbare Tradition: In diesem Unternehmen vereinigten sich die beiden ältesten Automobilhersteller der Welt – ein Rekord, den kein Konkurrent mehr schlagen konnte.
Zum Zweiten hatte man im Laufe der Jahre ein paar großartige Konstrukteure in seinen Reihen gehabt, die das Auto in seine endgültige Form gebracht hatten: Wilhelm Maybach, Paul Daimler, Ferdinand Porsche. Die schwäbische Lust am Tüfteln und der unbezwingbare Wunsch, die Arbeit so perfekt wie möglich abzuliefern, hatten zudem zu einem Qualitätsniveau geführt, das die Kundschaft sehr wohl zu goutieren wusste. Dazu hatte sich im Laufe der Jahre noch ein sportlicher Ruf aufgebaut, den die Gründungsväter wohl eher mit wohlwollendem Erstaunen zur Kenntnis genommen haben.

Während Gottlieb Daimler nur noch die ersten Auftritte der Mercedes-Rennwagen des Emil Jellinek erleben konnte, bevor er 1900 starb, hat Karl Benz die Leistungsexplosion der Rennwagen (wahrscheinlich eher kopfschüttelnd) miterlebt. Dass die Erfolge dieser seiner Meinung nach völlig überflüssigen Gefährte ganze Volksmassen in Begeisterung versetzen konnten und dazu noch die Verkaufszahlen hoben, hat er wohl nie so richtig verstanden.

Der Belgier Camille Jenatzy gewann am 2. Juni 1903 mit diesem 60 PS starken Mercedes-Rennwagen das berühmte Gordon-Bennett-Rennen.

Dabei war gerade sein Unternehmen – nach dem Austritt von Benz – zuerst in den Tourenwagen-Sport und dann bei den Rennwagen groß eingestiegen. Für die Tourenwagen hatten sich die Zuverlässigkeitsfahrten durchgesetzt, deren wichtigste die Herkomer-Fahrten waren, die zwischen 1905 und 1907 von München über Baden-Baden, Stuttgart, Nürnberg und Regensburg zurück nach München führten. Die Fahrzeuge von Benz und Daimler gewannen abwechselnd. Noch wichtiger für den Ruf war aber die Tatsache, dass Prinz Heinrich von Preußen (der Bruder des Kaisers) ein begeisterter Automobilist war, der nicht nur den Scheibenwischer erfand, sondern auch stets auf Benz-Fahrzeugen startete. Eine bessere Reklame war kaum vorstellbar – zumal sich der Kaiser selbst eigentlich nur für Pferde interessierte.

Mercedes hatte hingegen, durch den stetigen Antrieb von Emil Jellinek, schon früher einige der wichtigsten Rennen dieser Jahre gewinnen können – allen voran das Gordon-Bennett-Rennen, das Anfang des Jahrhunderts als die prestigeträchtigste Prüfung überhaupt galt. Mit dem Belgier Camille Jenatzy am Steuer konnte der riesige Pokal, den der Herausgeber des New York Herald, James Gordon Bennett, gestiftet hatte, am 2. Juni 1903 errungen werden.

Für das Jahr 1908 kam ein neues Reglement zum Einsatz, bei dem für Vierzylindermotoren eine Bohrung von maximal 155 mm erlaubt war. Damit wollte man (in einer Zeit, in der Leistung nur über möglichst viel Hubraum zu erzielen war) immer abenteuerlicheren Motorkonstruktionen aus dem Weg gehen. Daimler wählte daraufhin einen Hub von 180 mm, was einem Hubraum von 12.780 ccm entsprach, während man sich bei Benz für 200 mm (15.095 ccm) entschied. Das Ergebnis waren 140 (Daimler) und 150 PS (Benz) – beachtliche Leistungswerte, die die Rennwagen in Geschwindigkeitsbereiche bis zu 180 km/h brachten. Sie wurden erzielt auf unasphaltierten Straßen, die kurzerhand zu Rennstrecken umfunktioniert worden waren.

Zu Anfang des Jahrhunderts war das »Gordon-Bennett-Rennen« das wichtigste Motorsportereignis überhaupt – hier eine Szene aus dem Jahr 1904.

Es war die Zeit, in der die rennsüchtigen Franzosen auch den »Grand Prix de l`Automobile Club de France« erfanden – der erste Grand Prix in der Geschichte des Rennsports –, ein Traditionsbegriff, der bis heute für die oberste Klasse des Motorsports gilt. Es war Christian Lautenschlager vorbehalten, den »Großen Preis von Frankreich« am 7. Juli 1908 für das Haus Mercedes zu gewinnen.
Und es waren damals in der Tat »Große Preise«: Die Strecke führte über nicht weniger als 769,880 Kilometer, die Christian Lautenschlager in 6 Stunden, 55 Minuten und 43,8 Sekunden vor den beiden Benz-Rennwagen mit zwei französischen Piloten bewältigte.

Theodor Pilette, der belgische Vertreter der Firma Daimler, meldete dann für 1913 einen Mercedes 16/45 PS mit Knight-Schiebermotor für die berühmten »500 Meilen von Indianapolis«. Dort war der 4,1-Liter-Vierzylinder zwar das schwächste Modell im Teilnehmerfeld – und konnte sich so auch nur knapp qualifizieren. Im Rennen selbst lief der Wagen aber ohne Probleme und musste nur zum Tanken und Ölnachfüllen an die Boxen, was ihn auf den fünften Rang im Gesamtklassement nach vorne brachte – eine Qualitätsdemonstration, die Mercedes in den USA viel Ansehen und Prestige brachte.
Den wichtigsten Sieg vor Ausbruch des Ersten Weltkriegs erreichte aber zweifellos Christian Lautenschlager, als er am 14. Juli 1914 erneut den »Grand Prix von Frankreich« gewann.

Einer der besten Autofahrer aller Zeiten: Christian Lautenschlager gewann 1907 den »Großen Preis von Frankreich«, der über eine Distanz von 769,9 Kilometer führte.

Christian Lautenschlager war vor dem Ersten Weltkrieg der wahrscheinlich beste Rennfahrer – hier ist er am Steuer des 120 PS starken Mercedes-Rennwagens zu sehen, mit dem er 1908 den »Großen Preis von Frankreich« gewann.

Marius Barbarou war Konstrukteur im Hause Benz.
Er baute 1903 diesen Rennwagen mit Kardanantrieb und Schwingachse. Hier fährt Barbarou bei dem Rennen Paris – Madrid.

Der Veranstalter hatte sich einmal mehr – um die schweren und hubraumstarken Fahrzeuge auszuschalten – ein neues Reglement ausgedacht: maximal 4,5 Liter Hubraum und maximal 1.100 Kilogramm Gewicht.
In Stuttgart war rasch klar, dass die Leistung nun nur noch über eine hohe Drehzahl zu erreichen war. Deshalb entwarf man einen Vierzylinder mit Vierventiltechnik, den der Fahrer bis (damals kaum vorstellbare) 3.500/min drehen konnte, und der seine maximale Leistung von 105 PS bei 3.100/min abgab. Dazu wurde auch erstmals bei einem Rennwagen die Leistung über eine Kardanwelle an die Hinterachse transportiert – der antiquierte Kettenantrieb hatte endgültig ausgedient. Die Höchstgeschwindigkeit lag bei 190 km/h, und Lautenschlager benötigte für die 752,62 Kilometer lange Strecke immerhin nur 7:08,18,4 Stunden, um vor seinen Markengefährten Wagner und Salzer den Sieg zu erringen.
Dieser Dreifachsieg war umso bemerkenswerter, als die Fahrer ihre Rennwagen auf eigener Achse von Stuttgart nach Lyon gefahren hatten und am Tag nach dem Rennen auch so wieder zu ihrer triumphalen Ankunft in Stuttgart zurückbeförderten. Einer dieser wegweisenden Rennwagen wurde übrigens noch vor Ausbruch des Krieges in die USA geschickt, wo er – mit

Ralph de Palma am Volant – 1915 die »500 Meilen von Indianapolis« gewann. Und ein anderer Wagen wurde nach Großbritannien geschickt, wo er in den Kriegswirren hängen blieb und von dem berühmten Konstrukteur W. O. Bentley untersucht wurde, der später in seinen Memoiren schreiben sollte: »Heute ist allgemein bekannt, daß alle Rolls-Royce-Flugmotoren des Ersten Weltkriegs mehr oder weniger direkt auf diesem deutschen Aggregat basierten.«

Aber es gab noch einen weiteren Wagen, der das Ansehen dieser beiden deutschen Unternehmen stärken sollte: der »**Blitzen-Benz**«. Von diesem Ungetüm wurden mehrere Exemplare gebaut, weil der Franzose Victor Hemery 1909 unbedingt als erster die 200-km/h-Grenze durchbrechen wollte. Zwar hatte bereits ein Stanley-Dampfwagen 205,4 km/h erreicht – aber dieser Rekord war in Europa noch nicht anerkannt worden. Bei Benz bauten die Mechaniker einen Rennwagenmotor neu auf, dessen Hub man bei den in vielen Rennen bewährten 200 mm beließ, während die Bohrung von 154,9 auf 185 mm vergrößert wurde. Das Ergebnis waren 21.500 ccm Hub und rund 200 PS.
Am 8. November 1909 erreichte der Franzose in England auf der Brooklands-Rennstrecke 202,7 km/h. Das war die erste Fahrt mit mehr als

Mit dem »Blitzen-Benz« wurde erstmals die 200-km/h-Grenze durchbrochen – er hatte einen Vierzylindermotor mit einem Hubraum von 21,5 Litern.

Das wichtigste Autorennen vor dem Ersten Weltkrieg war der »Große Preis von Frankreich« des Jahres 1914. Auch hier konnte Christian Lautenschlager mit einem Vierzylinder-Mercedes gewinnen. Der GP-Wagen leistete aus 4,5 Liter Hubraum 105 PS.

Der neue Technikvorstand Ferdinand Porsche entwickelte 1924 diesen 2-Liter-Achtzylinder mit Kompressor, dessen 170 PS den Mercedes »Monza« zu einem Siegerwagen machten.

200 km/h in Europa. Anfang 1910 wurde der Wagen dann in die USA gebracht, wo er von 1911 an etliche Geschwindigkeitsrekorde mit bis zu 227,51 km/h aufstellen sollte.

Dass sich der »Blitzen-Benz« über Jahrzehnte hinweg in den Erinnerungen festsetzte, lag aber nicht nur an den Geschwindigkeiten, die er erreichte, sondern auch an der unvergleichlichen Geräuschentwicklung, die der 21-Liter-Vierzylinder entwickelte: Pro Kurbelwellenumdrehung – also alle 137 Zentimeter Wegstrecke – explodierten in den riesigen Zylindern immerhin 5,5 Liter Kraftstoff-Luft-Gemisch, und das alles ohne lärmdämmenden Auspuff.

Nach dem Krieg setzten die Stuttgarter voll auf ihre Kompressorerfahrung, und der erste Einsatz eines solchen 1,5-Liter-Rennwagens fand 1922 bei der »Targa Florio« in Sizilien statt. Der kleine Doppelnockenwellen-Motor leistete mit seinem Roots-Kompressor immerhin 80 PS bei 4.500/min. Das reichte für einen dritten Platz in seiner Klasse. Im Jahr darauf waren schon 2 Liter Hubraum erlaubt, und da am 30. April 1923 Ferdinand Porsche sein Amt als technischer Direktor und Nachfolger von Paul Daimler angetreten hatte, wurde nun dem Motorsport und der Kompressortechnik noch mehr Aufmerksamkeit gewidmet.

War der Auftritt dieser neuen, nun 95 PS leistenden Wagen in Indianapolis noch nicht sehr erfolgreich (Rang acht und elf), so gewann Christian Werner 1924 problemlos die »Targa Florio«, jenes harte und lange Rennen quer durch Sizilien. Bei diesem Rennen tauchte auch erstmals der Name Alfred Neubauer auf, der – in Sizilien noch als Fahrer – die nächsten 31 Jahre der Rennchef des Hauses werden sollte. Während Ferdinand Porsche mit seinen bewährten Rennfahrern Christian Lautenschlager, Christian Werner, Otto Sailer und Salzer sowie dem Nachwuchsfahrer Alfred Neubauer in die Kompressorära steuerte, die nach der Fusion den Ruhm des Hauses Daimler-Benz begründen sollte, hatten die Ingenieure des Hauses Benz, Friedrich Nallinger und Hans Nibel, an dem »Tropfen«-Wagen des Flugzeugpioniers Edmund Rumpler Gefallen gefunden – und spontan beschlossen, eine Zusammenarbeit in die Wege zu leiten.

Nur 115 Exemplare wurden von dem Typ 710 »SS« gebaut. Dieser beeindruckende Sport-Viersitzer erreichte mit seinem 7.065 ccm großen Sechszylinder 190 km/h – der Preis: 35.000 RM.

Der Typ 680 »S« – auch 26/120/180 PS genannt – war auf die Kompressorkonstruktionen von Ferdinand Porsche zurückzuführen. Diese »S«-, »SS«-, »SSK«- und »SSKL«-Modelle sind die Krönung der Mercedes-Benz-Automobile der 1920er-Jahre.

Das Ergebnis war der revolutionäre Benz »**RH**« – so die firmeninterne Bezeichnung, die wahrscheinlich »Rennwagen-Heckmotor« bedeutete –, der aber als der »**Tropfenwagen**« in die Geschichte eingehen sollte. Hier saß vor der Hinterachse ein 2-Liter-Sechszylinder mit vier Ventilen pro Zylinder und zwei oben liegenden Nockenwellen, die über Stirnräder angetrieben wurden.
Der hochmoderne Motor leistete bei 4.500/min 80 PS, kurzfristig waren bei 5.000/min auch 90 PS möglich. Inzwischen trat die Konkurrenz aber bereits mit Kompressormotoren an. Daher hatte der Benz RH bei seinem einzigen Rennauftritt am 9. September 1923 in Monza beim »Großen Preis von Europa« auch keine großen Siegeschancen; der Italiener Fernando Minoia kam aber dennoch mit einer Durchschnittsgeschwindigkeit von 136,5 km/h auf Rang vier. Der für die Entwicklung mitverantwortliche Max Wagner bekam einen besonders großen Ehrenpokal für die außergewöhnliche Konstruktion überreicht.

Der Auftritt in Monza war der erste und letzte große Einsatz des Tropfenwagens, denn im Mai 1924 stand die erste Vorstufe zur Fusion mit Daimler vor der Tür. Und da Ferdinand Porsche mit seinen Wagen gerade die »Targa Florio« gewonnen hatte, wurde die Konkurrenz im eigenen Haus auf Sparflamme gebracht. Zwar wurde der RH noch 1925 bei kleineren

Rennen eingesetzt – wo er auch des Öfteren den »kleinen« 1,5-Liter-Kompressorwagen der Daimler-Mannschaft schlug –, doch seine große Zeit war eigentlich schon beendet, bevor sie überhaupt begonnen hatte.

Als der Typ 500 K »Spezial-Roadster« im Jahre 1935 vorgestellt wurde, war allen Autoenthusiasten klar, dass den Stuttgartern eines der schönsten Autos aller Zeiten gelungen war. Der 28.000 RM teure Achtzylinder leistete mit Kompressor 160 PS und erreichte 160 km/h Höchstgeschwindigkeit (folgende Doppelseite).

Wilhelm Kissel konnte also auf eine hervorragende sportliche Reputation zurückgreifen, als er von Juni 1925 an für beide Unternehmen zu arbeiten begann. In dieser Zeit hatte Ferdinand Porsche aus dem **»15/70/100 PS«** – der im Herbst des Jahres 1923 mit 4 Liter Hubraum als großer Tourenwagen ins Programm gekommen war – eine **6,2-Liter-Variante** entwickelt, die (mit Kompressor) 140 PS bereitstellte. Und da immer mehr wohlhabende Privatfahrer nach einer noch stärkeren Variante fragten, beschloss man in Untertürkheim, einen Wagen mit kürzerem Radstand und noch mehr Leistung zu bauen, der als **»Modell K«** mit 160 PS angeboten wurde. Von 1928 an gab es diesen **»24/110/160 PS«**, der immerhin 152 km/h erreichte, zu kaufen. Für das junge Fahrgenie Rudolf Caracciola hatte das Werk zwei noch leichtere (1.650 Kilogramm) und leistungsstärkere Varianten mit 190 regulären und 250 Kompressor-PS gebaut. Mit diesem Wagen sollte Caracciola 1928 nicht weniger als 53 erste Plätze und 17 Rekorde erreichen – und so die Mercedes-Kompressor-Legende begründen.

Parallel zum »K« wurde der **»S«** oder »Sport« entwickelt, bei dem der mittlerweile auf 6,8 Liter Hubraum vergrößerte Reihen-Sechszylinder mit 180 Kompressor-PS tiefer und weiter nach hinten montiert wurde. Mit diesem noch sportlicheren Fahrzeug – 138 Exemplare sollten davon verkauft werden – konnten nun auch wohlhabende Privatfahrer mit guten Erfolgsaussichten bei Rennen antreten und den Ruhm des Hauses mehren. Damit das Firmenteam aber stets einen leichten Vorsprung hatte, verfügten die Werkswagen über bis zu 220 PS Leistung.
Es gab aber auch etliche Kunden, die mehr Wert auf Leistung und auf Luxus legten. Für sie wurde der **»SS«** entwickelt, auf dessen höher gelegenem

Mit engem Schulterschluss: Fahrer und Beifahrer mussten im 90 PS starken »Tropfen«-Rennwagen von 1923 eng beieinander sitzen. Der Mittelmotorwagen erreichte 160 km/h, war aber wohl zu futuristisch für diese Zeit.

Der Typ 500 K war in verschiedenen Karosserievarianten zu erwerben – hier das elegante viersitzige »Cabriolet B« von 1934.

Chassis einige der elegantesten Karosserien aller Zeiten geschaffen wurden. Der SS ist zweifellos eines der imposantesten Geschöpfe, das in der Geschichte des Automobils (in nur 155 Exemplaren) konstruiert wurde – ein vor Kraft strotzender Wagen, der als Luxuslimousine genauso zu überzeugen wusste wie als elegantes Cabriolet.

Ein Wagen, der aber auch mit entsprechend leichter Karosserie und in der Hand erfahrener Piloten von Sieg zu Sieg eilte. Der größte Sieg wurde am 17. August 1929 errungen, als Rudolf Caracciola die legendäre »Tourist Trophy« über eine Entfernung von 660 Kilometern mit einem Schnitt von 117,2 km/h gewann.

Nun wurden in diesen Jahren die Sprint- und Bergrennen immer populärer, und so baute das Werk auf der Basis des SS (der im Renneinsatz nun bis zu

275 PS leistete) eine Variante mit einem verkürzten Radstand: den »**SSK**«. Insgesamt sollten nur etwa 46 Exemplare dieses um 45 Zentimeter kürzeren Wagens gebaut werden, der – nun mit einem 7,1-Liter-Sechszylindermotor und (als Rennwagen) mit bis zu 300 PS Leistung ausgestattet – unzählige Siege errang. Obwohl der SSK ein Rennwagen war, gab es auch ein paar Kunden, die ihn mit einer Tourenkarosserie bestellten und als den ultimativen Sportwagen seiner Zeit mit 225 oder 250 PS normal auf der Straße bewegten.

Die letzte Steigerung war schließlich der »**SSKL**«, bei dem das »L« für »Leicht« stand. Diese nochmals um 125 Kilogramm leichtere Rennversion entstand auf Veranlassung von Alfred Neubauer, der den Vorstand dazu überreden konnte, im Winter 1930/31 ein kleines Privatteam zu gründen, um Rudolf Caracciola mit einem siegfähigen Fahrzeug zu versorgen. Der Grund für diese ungewöhnliche Lösung lag letztlich im Börsenkrach und den daraus folgenden finanziell schlechten Zeiten. Das Werk besaß einfach kein Geld mehr, um sich ein Rennteam leisten zu können – dementsprechend hatte man den Fahrervertrag mit Caracciola beendet. Neubauer wollte diesen Fahrer aber nicht ziehen lassen, deshalb fand man eine Lösung, bei der Caracciola mit Werksmechanikern als Privatteam antrat und für die Siege Prämien bezahlt bekam. Der »**27/240/300 PS**«, wie der SSKL offiziell hieß, wog nur noch 1.500 Kilogramm und erreichte bis zu 235 km/h. Nur drei Fahrzeuge sollten entstehen.

In den Händen von Rudolf Caracciola war dieses Geschoss nahezu unschlagbar: Er gewann 1931 zur großen Überraschung aller Italiener die legendäre »Mille Miglia«, das Avus-Rennen in Berlin sowie zwei Rennen auf dem Nürburgring. Doch gegen Ende des Jahres hatte das Werk endgültig kein Geld mehr – das Team wurde aufgelöst. Caracciola ging zu Alfa Romeo SpA als Werksfahrer, und der junge Nachwuchsfahrer Hans Stuck bekam die alten Rennwagen noch in den nächsten zwei Jahren ausgeliehen. Er bedankte sich mit etlichen Siegen.
Seinen letzten großen Triumph feierte der SSKL schließlich in den Händen von Manfred von Brauchitsch, der den nur 270 PS starken Wagen (ein stärkerer Motor stand nicht mehr zur Verfügung) im Sommer 1932 auf der Avus gegen den stärkeren Alfa mit Rudolf Caracciola am Steuer zum Sieg fahren konnte. Die Gründe für dieses letzte Aufbäumen eines technisch bereits überholten Wagens: ein hervorragender Fahrer und eine stromlinienförmig überarbeitete Karosserie des Aerodynamikers Reinhard von Koenig-Fachsenfeld. Mit diesem Wagen konnte von Brauchitsch auf den Geraden Caracciola immer so weit davon fahren, dass dieser ihn vor den Kurven nicht überholen konnte.

Wenn es eine Rangliste der besten Rennfahrer aller Zeiten geben würde, wäre Rudolf Caracciola bestimmt ganz vorne mit dabei – der Deutsche mit dem italienischen Namen war einer der wenigen Männer, die die Silberpfeile beherrschten.

Beeindruckende Gefährte – die »Silberpfeile« gehören zu den schnellsten und leistungsstärksten Rennwagen, die jemals gebaut wurden.

In den 1930er-Jahren entstanden die letzten Dinosaurier des Automobilbaus: Das Auto hatte noch einmal die Chance bekommen, ohne Rücksicht auf die Kosten und mit dem geballten Können der besten Ingenieure und Designer weiter perfektioniert zu werden. Firmen wie Bugatti, Bentley, Hispano-Suiza, Isotta-Fraschini oder Duesenberg überboten sich mit außergewöhnlichen Fahrzeugen. Doch die Deutschen hielten mit: Maybach, Horch – und allen voran Mercedes-Benz.

Hier sorgten vor allem die Kompressormodelle der Typ-Reihen »**500 K**« und »**540 K**« für große Legenden sowie der bereits erwähnte **Typ 770 »Großer Mercedes«**. Natürlich zehrten diese Fahrzeuge von dem Kompressorruhm der SS- und SSK-Modelle, doch die neu entwickelten Reihen-Achtzylinder waren wesentlich handlicher und komfortabler als die doch sehr rauen Vorgänger zu fahren. Dazu kam, dass sich die Karosserieabteilung in Sindelfingen mit ihren Entwürfen selbst übertraf: Die Linien waren derart perfekt, dass es immer weniger Kunden gab, die nur ein Chassis erwarben, um es dann bei einer Karosseriefirma ihrer Wahl mit einer individuellen Lösung bestücken zu lassen.

Der 500 K, der von 1934 bis 1936 in 354 Exemplaren entstand, hatte einen 5-Liter-Achtzylinder mit 100 PS Leistung, der bei Zuschaltung des Roots-Kompressors zusätzliche 60 PS aktivierte. Damit erreichte der je nach Karosserie zwischen 2.170 und 2.390 Kilogramm schwere Wagen bis zu 160 km/h. Es gab neben dem Fahrgestell für 15.500 RM ab Werk zehn verschiedene Karosserieformen, von denen der »Spezial-Roadster« zweifellos der Schönste war.

Der 1936 vorgestellte 540 K verfügte über dieselben Karosserieformen, allerdings leistete der nun 5,4 Liter große Motor jetzt 115 PS ohne Kompressor und 180 PS mit zugeschaltetem Gebläse. Die Höchstgeschwindigkeit stieg auf 170 km/h, womit man auf den neu gebauten Autobahnen keine Gegner mehr zu fürchten brauchte. Erfreulicherweise blieben die Preise konstant: Für den 540 K Spezial-Roadster waren noch immer 28.000 RM zu bezahlen – ein Preis, für den man auch eine komfortable Villa mit großem Garten erwerben konnte.

Natürlich entstanden bei Mercedes-Benz in diesen Jahren auch preisgünstigere Modelle, so der bereits erwähnte **Typ 170**, der zu seinen besten Zeiten rund die Hälfte der Gesamtproduktion bestritt. Auch der **Typ 200** erreichte beispielsweise 1934 mit 2.364 Exemplaren (bei einer Gesamtproduktionszahl von 11.640 Stück) einen beachtlichen Produktionsanteil.

Wenn man aber heute an die Höhepunkte der Mercedes-Geschichte in den 30er Jahren denkt, dann bleiben immer drei Dinge in Erinnerung: die

Als die ersten deutschen Autobahnen entstanden, begannen sich die Techniker intensiver mit der Aerodynamik zu beschäftigen. Das Ergebnis waren Modelle wie dieser »540 K-Autobahnkurier«. Es sollte aber bei dem verloren gegangenen Einzelstück bleiben.

Um die Leistungsexplosion einzudämmen, galt von 1938 an ein neues Reglement, das bei Kompressormotoren nur noch 3 Liter Hubraum zuließ. Das Ergebnis war der »W 154«, dessen Zwölfzylinder aber immer noch 468 PS und 330 km/h Höchstgeschwindigkeit lieferte.

Ganze 850 Kilogramm wog der »W 154« – mit denen die 468 PS nur wenig Mühe hatten. So waren die Rennwagen 1938 und 1939 trotz des neuen Reglements noch schneller geworden.

eleganten Kompressormodelle, der »Große Mercedes« als Inbegriff einer Staatslimousine – und natürlich die Rennerfolge der unvergessenen »**Silberpfeile**«.
Ende April 1934, morgens um fünf Uhr, wurde erstmals der Grand-Prix-Wagen **W 25** auf der Avus zu einem Probelauf von einem Transporter geschoben – Manfred von Brauchitsch und der Italiener Luigi Fagioli saßen abwechselnd hinter dem Steuer dieses neuen Rennwagens, der die Basis für die legendären Silberpfeile bilden sollte.

Der Grund für diese Neuentwicklung: Am 12. Oktober 1932 hatte die oberste Motorsportbehörde in Paris ein neues Reglement verabschiedet, das von 1934 bis 1936 Gültigkeit behalten sollte. Die neuen Formel-Fahrzeuge durften nun nicht mehr als maximal 750 Kilogramm wiegen (ohne Kraftstoff, Öl, Kühlmittel und Reifen), und die Renndistanz hatte über mindestens 500 Kilometer zu gehen.
Damit – das glaubten zumindest die Funktionäre – waren so »unvernünftige« Konstruktionen wie der Alfa Romeo Bimotore (mit je einem Motor in der Front und im Heck) zukünftig ausgeschlossen. Die Zukunft sollte wieder normaleren Rennwagen gehören. Dass dieses Reglement zu den leistungsstärksten und aufregendsten Fahrzeugen aller Zeiten führen sollte, konnte sich damals niemand vorstellen. Und dennoch: Die 750-Kilogramm-Formel produzierte Rennwagen mit bis zu 570 PS und Höchstgeschwindigkeiten, die die 300-km/h-Grenze überschritten.
Der Grund für diese Entwicklung war mit in dem Motorsportinteresse der Nationalsozialistischen Partei Deutschlands zu suchen, die die Siege auf den Rennstrecken für eine großartige Propaganda für das neue System hielt. So stellte das Verkehrsministerium für den Bau und den Einsatz eines deutschen

Rennwagens jährlich 450.000 RM zur Verfügung. Dazu kamen pro Rennen Preisgelder in der Höhe von 20.000, 10.000 und 5.000 RM für die Plätze eins bis drei zum Einsatz. Der einzige Nachteil dieser Vereinbarung: Das Geld musste mit der Konkurrenz von Auto Union geteilt werden – und dessen Konstruktionschef war ein alter Mercedes-Benz-Hase: Ferdinand Porsche.

Zwar hatte Mercedes-Benz beim Verkehrsministerium mehrfach darauf gedrungen, die Auto Union AG nicht mit einzubeziehen, da die Konkurrenz die Chancen des deutschen Auftritts minimieren könnte, aber Ferdinand Porsche hatte bereits seine Pläne für den »Volkswagen«, den Adolf Hitler persönlich forderte, zusammengetragen. Und mit diesem Projekt im Rücken mochte natürlich niemand im Verkehrsministerium mehr »Nein« zu den Plänen der Auto Union AG sagen.
Obwohl die verbleibenden 225.000 RM nur knapp ein Viertel des Rennbudgets abdeckten, machte man sich bei Mercedes-Benz an die Arbeit. Das Ergebnis war ein 3,3-Liter-Reihen-Achtzylinder mit vier Ventilen pro Zylinder, die von zwei oben liegenden Nockenwellen gesteuert wurden. Geplant war eine Leistung von 280 PS gewesen, doch die ersten Triebwerke lieferten im Schnitt bereits 314 PS bei 5.500/min. So sah man der ersten Saison relativ beruhigt ins Auge. Doch als die Fahrzeuge am 3. Juni 1934 beim Eifelrennen auf dem Nürburgring auf die Waage fuhren, waren sie exakt ein Kilogramm zu schwer.

Als Mercedes-Benz 1935 wieder in den Grand-Prix-Sport einstieg, sorgte der Typ W 25 mit seinem 5.577 ccm großen Zwölfzylinder mit zwei Kompressoren für Furore – die Leistung: zwischen 598 und 616 PS.

Madame Eaton holte ihren Mercedes-Benz 540 K persönlich in Stuttgart ab – für das Cabriolet A hatte sie 22.000 Reichsmark zu überweisen.

Alfred Neubauer überlegte sich alle Tricks, doch letztlich fiel ihm nur noch einer ein: Er ließ von den weiß lackierten Fahrzeugen (weiß war die Landesfarbe für Deutschland, so wie die Italiener ihre Wagen rot, die Franzosen ihre blau und die Engländer ihre grün lackierten) die Farbe wieder herunterkratzen. Am nächsten Morgen wogen die Rennwagen 750 Kilogramm, und ihre blanke Aluminiumhaut glänzte silbern – der Begriff der »Silberpfeile« war geboren.
Bei dem ersten Auftritt gab es einen ersten Sieg: Manfred von Brauchitsch sollte der erste Gewinner auf dem W 25 sein, die »Coppa Acerbo« sowie die Großen Preise von Italien und Spanien gewann dann Luigi Fagioli.
Die größte Konkurrenz kam – wie nicht anders zu erwarten – von Ferdinand Porsche und seinen revolutionären Mittelmotor-Rennwagen der Auto Union, die über 16-Zylinder-Triebwerke verfügten. Zusammen machten aber die Deutschen den ausländischen Konkurrenten das Leben schwer: Alfa Romeo, Maserati und Bugatti hatten keine Chance mehr auf die großen Siege.

Im Laufe der Jahre 1934 und 1935 wurde der Hubraum zuerst auf 4,0 und dann auf 4,3 Liter vergrößert – die Leistung stieg langsam knapp über die

400-PS-Grenze. Siege stellten sich reichlich ein: Fünf Große Preise wurden gewonnen; insgesamt gab es neun Siege, darunter fünf Doppelsiege und einen Dreifachsieg, und Rudolf Caracciola holte sich den Titel des Europameisters. Dennoch gab es zwei Probleme: Erstens war der Motor unglaublich durstig, und zweitens hatte Tazio Nuvolari 1935 in dem Rennen seines Lebens auf einem klar unterlegenen Alfa Romeo ausgerechnet den »Großen Preis von Deutschland« auf dem Nürburgring gewonnen. Ein Sieg, den Adolf Hünlein, der Leiter des Motorsportwesens, nur mit großem Unwillen zur Kenntnis nehmen konnte.

Was den Durst des Reihen-Achtzylinders betraf, gelang es zwar, den Kraftstoffverbrauch von 100 Litern auf 100 Kilometer auf 75 Liter zu reduzieren, doch auch diese Zahlen waren noch viel zu hoch. Und so machte man sich für die Saison 1936 an die Neukonstruktion eines Zwölfzylinders, der bei 5.500/min stolze 570 PS leisten sollte. Allerdings geriet das Triebwerk um rund 100 Kilogramm schwerer als der Achtzylinder, und so wurde dieser Motor für die damals so beliebten Geschwindigkeitsrekordfahrten eingesetzt. Also musste der bewährte Reihen-Achtzylinder nochmals modifiziert werden: Das Ergebnis waren 4,8 Liter Hubraum und 433 PS bei nunmehr 5.800/min. Damit gewann Caracciola noch die Großen Preise von Monaco und Tripolis. Der Rest der Rennen sollte allerdings den Auto-Union-Fahrzeugen und dem großartigen Bernd Rosemeyer gehören, der wahrscheinlich als einziger Pilot den schwierig zu fahrenden Mittelmotorwagen perfekt beherrschte.

In den 1930er-Jahren mussten immer neue Rekorde aufgestellt werden – und mit dem »T80« wollte der Rennfahrer Hans Stuck den absoluten Geschwindigkeitsrekord aufstellen. Für den Vortrieb sorgte ein 3.000 PS starker Zwölfzylinder-Flugmotor mit 44.500 ccm Hubraum. Es blieb aber bei dem Projektstadium.

Der W 125 war der stärkste Rennwagen der Vorkriegszeit: Sein Reihen-Achtzylinder leistete bis zu 646 PS, damit hatte jedes PS nur 1,16 Kilogramm zu bewegen. Kein Wunder, dass es etliche Siege zu feiern gab – wie hier den Doppelsieg beim »Großen Preis von Italien« 1937.

Für das Jahr 1937 wurde ein völlig neuer Rennwagen entwickelt: der **W 125**. Sein Achtzylinder – der nun bei 5.800/min etwa 570 PS abgab – war vollständig überarbeitet und in ein neues Chassis gesetzt worden. Nach anfänglichen Schwierigkeiten mit dem Ansprechverhalten des Triebwerks (an denen die neuen Solex-Vergaser schuld waren) startete der W 125 eine großartige Siegesserie vom Nürburgring über Monaco, Pescara, Bern, Livorno bis hin zum »Großen Preis von Ungarn« auf dem Masaryk-Kurs.

Für das Jahr 1938 hatte die Motorsportbehörde einmal mehr den Versuch unternommen, mit einem neuen Reglement die Geschwindigkeiten zu reduzieren – eine Reglementsänderung, die von den Herstellern der anderen Länder betrieben wurde, die von der Dominanz der deutschen Hersteller genug hatten.

Dieses Mal war das Gewicht von der Größe der Motoren abhängig, dabei waren Saugmotoren zwischen 1.000 und 4.500 ccm und aufgeladene Triebwerke zwischen 666 und 3.000 ccm erlaubt. Nach den Erfolgen mit den Kompressormotoren der Vergangenheit beschloss Daimler-Benz, nun einen 3-Liter-Zwölfzylinder mit Kompressor zu entwickeln.

Während sich das Fahrwerk eng an jenes des W 125 hielt, entsprach der neue Zwölfzylindermotor den letzten technischen Erkenntnissen: Bohrung und Hub betrugen 67 und 70 Millimeter, das Ergebnis waren 2.962 ccm Hubraum. Vier oben liegende Nockenwellen steuerten über Schlepphebel vier Ventile pro Zylinder – und die beiden Roots-Kompressoren, die über Stirnräder mit der 1,5-fachen Geschwindigkeit von der Kurbelwelle angetrieben wurden, lagen vor dem Zwölfzylinder. Nach entsprechender Feinarbeit erreichte der 3-Liter-Motor sichere 466 PS, die allerdings bis zu 145 Liter Alkoholgemisch auf 100 Kilometer benötigten. Um diesen immensen Durst zu befriedigen, wurden Tanks installiert, die bis zu 390 Liter Treibstoff fassen konnten.

Sechs Siege konnte der neue **W 154** im Jahre 1938 erringen – doch gegen Ende der Saison rückte das Auto-Union-Team wieder näher, und Rudolf Uhlenhaut (der Technikchef der Rennabteilung) musste sich wieder einmal fragen, woraus diese Stärke resultierte. Die Antwort war rasch gegeben: Der W 154 wog 118 Kilogramm mehr als sein Vorgänger W 125 und 82 Kilogramm mehr als die Konkurrenz aus Zwickau. So wurden für die Saison 1939 etliche Erkenntnisse aus dem Flugzeugbau und deutlich leichtere Materialien eingesetzt. Das Ergebnis war ein Trockengewicht von nur noch 898 bis 918 Kilogramm sowie eine Leistungssteigerung auf bis zu 480 PS, die mit der Hilfe eines Zweistufen-Kompressors bei 8.200/min erreicht wurde.

Mit diesem aerodynamisch verkleideten Grand-Prix-Wagen erreichte Rudolf Caracciola 1936 nicht weniger als 362 km/h.

Der Wagen erreichte – mit der Ausnahme des »Großen Preises von Reims« – nur Siege, und Hermann Lang wurde überlegen Europameister. Doch am 3. September, an dem Tag, an dem Hermann Lang sich in Belgrad den Titel geholt hatte, erklärte England Deutschland den Krieg – der W 154 stand am Ende einer großartigen Karriere, die eigentlich noch gar nicht richig begonnen hatte.

Mercedes-Benz hat in jenen Jahren zweifellos die besten Rennwagen seiner Zeit gebaut, Fahrzeuge, die über alle technischen Features verfügten, die andere Hersteller erst nach dem Krieg einsetzten. Und so wundert es auch

Für Hochgeschwindigkeitskurse wie die Avus entwickelte die Stuttgarter Rennabteilung aerodynamisch optimierte Fahrzeuge, die die Wagen mehr als 300 km/h erreichen ließen.

nicht weiter, dass die Engländer 1945 einen eigenen Experten darauf ansetzten, die Technik dieser Fahrzeuge ausführlich zu studieren und die daraus gewonnenen Erkenntnisse der eigenen Industrie in einem vertraulichen Schreiben zukommen zu lassen.

Wie gut die Rennabteilung aber wirklich war, zeigt die Geschichte des berühmten **W 165**, der nur bei einem Rennen antrat und dort einer demoralisierten Konkurrenz auf Anhieb davonfuhr.
Man sollte dazu wissen, dass es in der italienischen Kolonie Libyen eines der am besten dotierten Rennen dieser Jahre gab: den »Großen Preis von Tripolis«. Ähnlich wie in Deutschland war auch dieses Rennen für die italienischen Faschisten ein wichtiges Prestige-Ereignis, das für die motorsportbegeisterten Italiener durch die vielen Siege der Silberpfeile etwas an Glanz verloren hatte. So hatte man ziemlich kurzfristig das Hubraumlimit auf 1,5 Liter heruntergesetzt, um die Deutschen auszugrenzen und endlich einmal wieder einen einheimischen Alfa Romeo oder Maserati gewinnen zu lassen.

Alfred Neubauer hatte am 11. September 1938 von dieser Reglementsänderung gehört – und war entschlossen, in den nächsten sieben Monaten einen komplett neuen Rennwagen auf die Räder zu stellen, um den Italienern das Spiel zu verderben. Mitte Februar 1939 waren die Konstruktionszeichnungen fertig, Anfang April lief der erste Wagen in Hockenheim, und beim Rennen selbst war schließlich ein Doppelsieg fällig.

Der W 165 verfügte über einen 1,5-Liter-Achtzylinder in V-Form mit vier Ventilen pro Zylinder und vier oben liegenden Nockenwellen. Zusammen mit zwei einstufigen Roots-Ladern erreichte dieses handliche Kraftpaket bei 8.250/min nicht weniger als 278 PS, mit denen Hermann Lang und Rudolf Caracciola ihrer überraschten italienischen und französischen Konkurrenz auf und davon fuhren.

Vielleicht zeigt gerade dieses letzte Beispiel, wie überlegen Mercedes-Benz in den späten 1930er-Jahren im Motorsport agierte: So errangen die Silberpfeile weltweit eine unglaubliche Reputation. Daran trug auch Alfred Neubauer Mitschuld, der ausländische Fahrer wie den Briten Dick Seaman oder den Italiener Fagioli einsetzte und die Fahrzeuge auch bei Rennen in den USA oder in Südafrika an den Start brachte.
Wie gesagt: Mercedes-Benz war vor dem Zweiten Weltkrieg ein Hersteller mit etlichen Modellreihen, die vom 1,7-Liter-Sechszylinder über die 2,9- und 3,2-Liter-Sechszylinder der gehobenen Mittelklasse bis hin zu den großen Staatslimousinen reichten. Und mit dem ersten serienmäßigen

Dieselfahrzeug der Welt, das als **260 D** mit 45 PS Leistung (bei 3.000/min) auf der Autoausstellung in Berlin 1936 für Furore sorgte, hatte Mercedes-Benz einmal mehr Technikgeschichte geschrieben. Doch die Kompressorfahrzeuge und die Silberpfeile sorgten für jenen legendären Ruf, der die Marke mit dem Stern weltweit zu etwas Besonderem werden ließ. Eine Einschätzung, die der Firma nach dem Ende des Krieges entscheidend dabei helfen sollte, wieder den Anschluss an das Weltniveau zu finden.

Mit dem Typ 260 D präsentierte Mercedes-Benz 1936 den ersten Dieselwagen der Welt, dessen 45 PS eine Motorenrevolution einläuten sollten.

Der Aufstieg aus den Trümmern

Wie Mercedes-Benz wieder Weltkarriere machte

Man musste schon ein großer Optimist sein, um dem Hause Mercedes-Benz am Ende des Zweiten Weltkriegs eine Überlebenschance zu geben: Am 20. April 1945 wurde das Werk Untertürkheim stillgelegt – ein Vorstandsbericht aus dieser Zeit zeigt die Schwierigkeiten, mit denen gearbeitet werden musste: »Im Rahmen der weitgehend eingeschränkten Möglichkeiten wurde nun begonnen, die Belegschaften in die Fabriken zurückzuführen, alle Maßnahmen zu treffen, um die Trümmer zu beseitigen, die notdürftigsten Instandsetzungen durchzuführen und zunächst mit der Reparatur von Fahrzeugen zu beginnen. In der ersten Zeit sind zudem Plünderungen, später Requisitionen und dergleichen erfolgt, die empfindliche Einbußen gebracht haben.« Für die AG arbeiteten noch 12.849 Personen – produziert wurde allerdings nichts.

Die Produktion von Personenfahrzeugen sollte erst 1946 wieder aufgenommen werden: 183 Kasten-, Pritschen- und Polizeistreifenwagen sowie 31 Krankenwagen kamen zur Auslieferung, alle auf der Basis des **170 V**. Der Rest der 1940er-Jahre brachte vor allem Instandsetzungsarbeiten – außerdem wurde die Gesellschaft neu strukturiert, da die Konzernzentrale in Berlin nun nicht mehr existierte. Direktor Wilhelm Haspel hatte gegen Ende des Krieges alle Verbindungen in die Hauptstadt abgebrochen und damit begonnen, alle Gelder nach Stuttgart umzuleiten. Die Daimler-Benz AG wurde, nachdem die Amerikaner am 8. Juli 1945 die Kontrolle über diesen Teil Baden-Württembergs übernommen hatten, nicht der alliierten Vermögenskontrolle unterstellt, da sich die Aktien nur zu einem sehr kleinen Teil in der Hand von Personen oder Gesellschaften befanden, die der Vermögenskontrolle unterlagen. Verpflichtungen in der Höhe von 43 Millionen Reichs-

Der Unimog war erstmals auf der Hannoveraner Messe 1947 zu bewundern. Das geniale Nutzfahrzeug wird bis heute weltweit eingesetzt.

Der Typ 220 war der erste Sechszylinder der Nachkriegszeit, und die Cabriolet-Variante gehörte mit ihren 80 PS zu den elegantesten Fahrzeugen der Jahre 1951 bis 1954.

mark an das Deutsche Reich waren noch vor dem 8. Mai beglichen worden. Verloren hatte die AG dafür 18 Inlands- und sieben Auslandsniederlassungen, fünf Auslandstöchter sowie das Grundkapital der DB GmbH Genshagen, Kolmar, Neupaka und Berlin-Marienfelde.

Behalten hatte Daimler-Benz dafür aber das Herz des Unternehmens: die Werke in Stuttgart und Mannheim sowie die großen Hallen in Sindelfingen, in denen von Herbst 1947 an die Automobilproduktion zusammengefasst wurde. Mit der typisch schwäbischen Zähigkeit wurde Gebäude für Gebäude wiederhergerichtet und für die Produktion eingesetzt. So sah die Welt 1947 schon wieder etwas freundlicher aus: Der Verlust hatte sich von 38,68 Millionen RM (1945) auf nur noch 3,41 Millionen RM reduziert. Die wieder auf 20.241 Personen gewachsene Belegschaft produzierte nun 1.045 Fahrzeuge des Typs **170 V** sowie 2.406 Lastwagen. Auf der ersten Hannoveraner Messe sowie auf der Autoausstellung in Frankfurt konnte neben dem 170 V und dem Lastwagen-Programm auch erstmals der »**Unimog**« gezeigt werden, jenes geniale universell einsetzbare Nutzfahrzeug, das die Mercedes-Techniker entwickelt hatten, nachdem der amerikanische Politiker Henry Morgenthau jr. aus Deutschland wieder einen Agrarstaat machen wollte.

Wer es etwas weniger sportlich, dafür aber komfortabler haben wollte, konnte Ende der 1950er-Jahre zum 220 S Cabriolet greifen, dessen 100 PS für ein gemütliches Dahinrollen bei Tempo 100 reichten.

Im Frühjahr 1948 übernahm Wilhelm Haspel auch offiziell (zusammen mit seinen Vorstandskollegen Nallinger, Paulus und Staelin) wieder die Leitung der Daimler-Benz AG. Im Oktober sollten noch die Herren Jakob und Wagner in den Vorstand folgen. Der Vorstandsvorsitzende drängte auch auf einen Interessenverband der Automobilindustrie, der am 3. Februar gegründet wurde und den Vorläufer des heutigen Verbands der Automobilindustrie bilden sollte. Der Auftragsbestand entwickelte sich immer besser:
Am 26. November betrug er 12.000 Fahrzeuge, aber geliefert werden konnten 1948 nur 5.116 Einheiten.

Im Frühjahr 1949 beschloss der Vorstand, dass die Typenvielfalt, wie sie vor dem Krieg geherrscht hatte, nicht mehr wünschenswert sei. So wurde das 170er-Modellprogramm mit den Typen **170 D** (mit 38 PS und 100 km/h Höchstgeschwindigkeit) und dem **170 S** ergänzt. Nur ein Jahr später sollte dann der Hubraum auf 1,8 Liter angehoben werden – aber die bewährte »170«er-Bezeichnung blieb bestehen. In diesem Jahr wurden bereits wieder 33.906 Fahrzeuge gebaut, dazu kamen 6.914 Lastwagen und 1.532 Omnibusse. 1950 war aber auch das Jahr, in dem Karl Kling mit einem 170 S an einer Sechsstundenfahrt auf dem Nürburgring teilnahm und die Tourenwagen-Klasse mit einer Durchschnittsgeschwindigkeit von 87,3 km/h und einer zurückgelegten Strecke von 524 Kilometer gewann.
Im Jahre 1951 wuchs das Modellprogramm um zwei Baureihen: Auf der Basis des 170 V wurde der größere **Typ 220** mit 80 PS Leistung vorgestellt, der bis 1955 in der Produktion bleiben sollte und von dem das Unternehmen 18.514 Einheiten verkaufen konnte. Gemäß dem Wunsch von Wilhelm Haspel, dass Mercedes auch in der Topklasse vertreten sein sollte, hatte Fritz Nallinger mit seinem Team zudem den **Typ 300** geschaf-

Die meisten Regierungen der Erde setzten den Typ 300 als Staatskarosse ein – hier lässt sich John F. Kennedy bei seinem ersten Besuch in Mexiko bejubeln.

fen, der bis zu seiner Produktionseinstellung im Jahre 1962 zu der Staatslimousine schlechthin wurde. Der »**Adenauer«-Mercedes** – so der liebevolle Spitzname der großen Limousine – entstand in 11.430 Exemplaren, dazu kamen 560 Fahrzeuge des 300 S, jener eleganten zweisitzigen Coupé- und Cabriolet-Variante, mit der sich die wahrhaft Reichen dieser Erde schmückten. Von 1955 bis 1958 wurde aus dem 300 S dann noch der 20 PS stärkere **300 Sc**, von dem nochmals 200 Exemplare entstanden. Es waren Traumwagen in ihren Tagen, die noch heute überzeugen können – und heutzutage nur für Hunderttausende von Euro den Besitzer wechseln.

Der Mercedes-Benz 300 war in den 1950er-Jahren das Statussymbol schlechthin – und mit 125 PS Leistung und 160 km/h gab es nur wenige Konkurrenten.

1951 tauchten auch erstmals wieder Rennwagen mit dem Stern auf Rennstrecken auf, allerdings im fernen Südamerika. Der kurioseste Sieg konnte vom 500-Meilen-Rennen im argentinischen Rafaela gemeldet werden. Hier fuhr ein Veteran aus längst vergangenen Zeiten – mit einer Durchschnittsgeschwindigkeit von 156,2 km/h – als Erster über die Ziellinie: L. Brusutti hatte noch einmal seinen 7-Liter-SSK aus dem Jahre 1930 aktiviert. Das Werk selbst fuhr in Buenos Aires bei zwei Rennen mit etwas neueren Wagen: Fangio, Kling und Lang steuerten zwei 3-Liter-Zwölfzylinder-GP-Fahrzeuge, die ihre letzten Einsätze 1939 gefahren waren; allerdings waren die Vorkriegs-Kompressorwagen gegen die modernen Alfa Romeo- und Ferrari-Rennwagen nicht mehr konkurrenzfähig.

Ein Jahr später sollte Mercedes-Benz dann mit einem völlig neuen Rennwagen antreten, dem legendären **300 SL**, der innerhalb von nur acht Monaten auf der Basis der 300er-Limousine entwickelt worden war. Der

Reihen-Sechszylinder leistete nun 175 PS. Und um diesen Rennmotor hatte der Technikvorstand Fritz Nallinger mit seinen Ingenieuren einen hochfesten, aber dennoch äußerst leichten Rohrrahmen konstruiert, um den eine elegante Coupé-Karosserie gehüllt wurde, deren besonderer Clou die sich nach oben öffnenden Flügeltüren waren. Zu dieser ungewöhnlichen und aufsehenerregenden Lösung waren die Techniker eher ungewollt gekommen: Da der Rohrrahmen an der Seite weit nach oben gezogen werden musste, um die maximale Torsionssteifigkeit zu gewährleisten, blieb für »normale« Türen einfach kein Platz mehr übrig.

Der »**Flügeltürer**« trat 1952 bei fünf der wichtigsten Rennen des Jahres an, und belegte nur bei dem ersten Auftritt, bei der legendären »Mille Miglia« in Italien, Rang zwei (weil ein klemmender Zentralverschluss bei einem Reifenwechsel zu viel Zeit kostete). Alle anderen vier Rennen – der »Große Sportwagenpreis von Bern«, die »24 Stunden von Le Mans«, der »Sportwagenpreis« auf dem Nürburgring und die berüchtigte »Carrera Panamericana« quer durch Mexiko – beendete der Neuling als Sieger. Kein Wunder, dass Mercedes-Benz am Ende dieses Jahres wieder weltweit einen beeindruckenden Ruf aufgebaut hatte.

Ein Ruf, der den amerikanischen Mercedes-Benz-Vertreter Max Hoffmann dazu bewog, das Werk in Stuttgart um eine straßentaugliche Version des **300 SL** zu bitten. Der geschäftstüchtige Österreicher (der vor dem Krieg in die USA emigriert war) glaubte, sie problemlos verkaufen zu können. Doch der MB-Vorstand war kritisch: Wer sollte schon für einen gezähmten Rennwagen viel Geld ausgeben? Hoffmann hatte jedoch mit dem Import der Jaguar-Modelle XK 120 und XK 140 seine kaufkräftige Klientel kennen gelernt; dazu hatte er angefangen, Porsche und andere in den USA noch relativ unbekannte europäische Marken einzuführen (als Mercedes Mitte der 1950er-Jahre seine eigene US-Import-Gesellschaft gründete, sollte Hoffmann den Import von BMW übernehmen). Aber Hoffmann blieb bei seiner Vermutung, dass sich der 300 SL hervorragend verkaufen lassen würde – und 1.000 Exemplare ihren Weg in die USA finden könnten. Mit dieser deutlichen Ansage machten sich die Stuttgarter dann auch sofort daran, diesen Typ für die Straße umzukonstuieren.

Das Ergebnis war der erste serienmäßige Einspritzmotor der deutschen Automobilgeschichte. Der – je nach Übersetzung – bis zu 265 km/h schnelle Flügeltürer sollte in nicht weniger als 1.600 Exemplaren zu dem größten Imageträger der Marke mit dem Stern werden. 215 PS leistete der stolze 29.000 Mark teure Reihen-Sechszylinder nun, und alle Reichen und

Bedeutenden dieser Erde mussten sich den legitimen Erben eines Le-Mans-Siegers in die Garage stellen. Der 300 SL war – und ist bis heute – eines der wichtigsten Fahrzeuge der Automobilgeschichte, weil er Technik-, Design- und Renngeschichte schrieb. Diese Mischung können nur ganz wenige Fahrzeuge bieten.

1957 wurde die Produktion dann eingestellt. Der Vorstand war der Meinung, dass die werten Käufer nun ein etwas komfortableres Gefährt verdient hätten, und so wurde der Flügeltürer durch den **300 SL Roadster** abgelöst, der bis zum Februar 1963 zum Preis von 32.500 Mark als luftiges Pendant zu dem doch sehr maskulinen Coupé im Programm blieb. Vom Roadster sollten 1.858 Exemplare gebaut werden – auch dies faszinierende Fahrzeuge, für die heute hohe Preise gezahlt werden.

Auch Sophia Loren war 1955 offensichtlich von dem 300 SL »Flügeltürer« begeistert.

Mit dem 300 SL hatte Mercedes-Benz 1952 wieder erfolgreich zum Rennsport zurückgefunden, und so war es klar, dass man in der Rennabteilung im Winter 1952/53 an einer verbesserten und stärkeren Version für die nächste Saison arbeitete. Alfred Neubauer hatte jedoch sehr früh erfahren, dass die oberste Motorsportbehörde in Paris für das Jahr 1954 ein neues Reglement beschlossen hatte, in dem die Grand-Prix-Wagen mit 2,5 Liter Hubraum fahren sollten. Rasch wurde die Arbeit an dem 300 SL eingestellt (die für diesen Rennwagen vorgesehene Einspritzanlage sollte jedoch in einer alltagstauglicheren Version in dem »Straßen«-SL zum Einsatz kommen) und mit der Konstruktion der neuen Grand-Prix-Wagen begonnen.

Am 4. Juli 1954 war es so weit: Beim Training zum »Großen Preis von Frankreich« standen vier der neuen Grand-Prix-Fahrzeuge zum Training bereit. Drei sollten zum Einsatz kommen, und zwei davon holten sich mit Fangio und Kling einen überlegenen Doppelsieg. Wieder einmal hatte Mercedes alles auf eine Karte gesetzt – und alles gewonnen. Die neuen Grand-Prix-Wagen wurden von einem Reihen-Achtzylinder angetrieben, bei dem die Ein- und Auslassventile von zwei Nocken auf der Nockenwelle zwangsweise geöffnet und geschlossen wurden. Diese Ventil-Zwangssteuerung ermöglichte letztlich Drehzahlen, die weit über 8000/min lagen und dem 2,5-Liter-Triebwerk zu 275 PS verhalfen. Mit der bei Mercedes üblichen schwäbischen Perfektion hatte man zwei verschiedene Karosserien entwickelt: eine aerodynamisch verkleidete für Hochgeschwindigkeits-

Die eleganteste Art, einen 300er zu fahren: Von dem 300 S und 300 Sc entstanden nur 760 Cabriolets und Coupés.

Als Mercedes 1955 wieder in den GP-Sport zurückkehrte, hatten die Techniker zwei Karosserieformen entwickelt. Der 290 PS starke W 196 erreichte in dieser Form auf Hochgeschwindigkeitskursen bis zu 260 km/h.

strecken wie Reims oder die Avus, und eine mit freistehenden Rädern für enge Stadtkurse wie beispielsweise Monaco. Am Ende des Jahres wurde Juan Manuel Fangio dann auf dem neuesten Silberpfeil Formel-1-Weltmeister. Im darauf folgenden Jahr wurde das Team mit dem jungen Briten Stirling Moss verstärkt, der zusammen mit Fangio der wahrscheinlich beste Fahrer dieser Jahre war. Der **W 196** – so der interne Code-Name des Rennwagens – war über den Winter leichter und stärker geworden. Mit viel Feinarbeit konnte die Leistung auf 290 PS angehoben werden, die nun bei 8.500/min zur Verfügung standen. Und die beiden setzten die Siegesserie des vergangenen Jahres fort: Fangio siegte beim »Großen Preis von Belgien«, in Holland und in Monza; Moss gewann den heimischen »Großen Preis von England« knapp vor Fangio.

Parallel zu den Einsätzen in der Formel 1 hatte Neubauer auch eine 3-Liter-Variante für die Einsätze bei der Sportwagen-Weltmeisterschaft entwickeln lassen. Dieser Wagen bekam die Bezeichnung **300 SLR**, und hier leistete der Reihen-Achtzylinder bei 7.500/min immerhin 302 PS – die den windschnittigen Roadster auf 282 km/h beschleunigten. Mit diesem Wagen gewann Moss einige der wichtigsten Rennen seiner Karriere: Allen voran gilt seine Siegesfahrt bei der »Mille Miglia« am 1. Mai 1955, die er zusammen mit dem Journalisten Denis Jenkinson in der nie wieder unterbotenen Zeit von 10 Stunden und 17 Minuten hinter sich brachte, als eine der Sternstunden des Automobilsports. Moss konnte mit dem 300 SLR entscheidend dazu beitragen, dass Mercedes 1955 neben der Formel-1-Weltmeisterschaft auch den Titel bei den Sportwagen holen konnte.
Der 300 SLR hatte aber bei den 24 Stunden von Le Mans in den Händen des französischen Fahrers Pierre Levegh die größte Motorsporttragödie des Jahrhunderts ausgelöst. Mehr als 80 Personen starben, als Levegh vor der Haupttribüne mit etwa 260 km/h mit einem Austin-Healey kollidiert und in die Menschenmassen geflogen war. Diese Katastrophe war auch der Auslöser dafür, dass Mercedes-Benz am Ende dieser Saison seinen Rücktritt vom Rennsport bekanntgab und die zweijährige Siegesserie so unglücklich beendete.

Mercedes-Benz sollte sich erst von 1960 an wieder offiziell an Rallies und Tourenwagenrennen beteiligen (und in diesem Jahr auch die berühmte »Rallye Monte Carlo« gewinnen). Den Weg zu den großen Sportwagenrennen und in die Formel 1 fanden die Stuttgarter aber erst wieder in den späten 1980er- und 1990er-Jahren. Erst im März 1997 sollte beim »Großen Preis von Australien« erstmals wieder ein McLaren-Mercedes mit dem Briten David Coulthard am Steuer einen Grand Prix für die Stuttgarter gewinnen, dem im Laufe der Saison noch zwei Siege folgen sollten…

Leider blieb es bei dem Einzelstück: Auf der Basis des 300 SLR baute sich der Technikvorstand Rudolf Uhlenhaut ein 290 km/h schnelles Coupé, mit dem er zu den Rennen und zur Arbeit fuhr.

Aber es gab auch so genug zu tun, denn das Modellprogramm wuchs weiter: 1957 umfasste es den **180**, den **180a**, den **180 D** und den **190**. Mit Sechszylindermotoren waren der **219**, der **220 S**, das **220 S Coupé** und **220 S Cabriolet** sowie die große **300 c Limousine** und die Roadster-, Cabriolet- und Coupé-Versionen des 300 Sc ausgerüstet. Dazu hatte neben dem **300 SL**

noch der kleine **190 SL Roadster** im Programm Platz gefunden, der den Traum von einem zweisitzigen Mercedes-Cabriolet mit einem 1,9-Liter-Vierzylinder und 90 PS Leistung zu einem fairen Preis erfüllte. Insgesamt wurden in diesem Jahr 80.899 Fahrzeuge gebaut, dazu kamen 6.438 Transporter, 17.256 Lastwagen, 2.922 Omnibusse, 5.940 Unimogs sowie 12.092 Lastwagen- und 150 Omnibus-Teilesätze, die im Ausland montiert wurden.

Nur ein Jahr später wurde die 100.000-Stück-Grenze mit 99.209 Fahrzeugen knapp verfehlt – sie sollte 1959 erstmals durchbrochen werden. Das Jahr 1958 war jedoch aus technischer Hinsicht wichtig, denn hier wurde mit dem **220 SE** die erste Limousine mit einer Benzineinspritzung in Großserie ins Programm genommen. Von dem 115 PS starken Reihen-Sechszylinder sollten in diesem Jahr 201 Limousinen und 114 Coupé- und Cabrio-Versionen ausgeliefert werden.

Das Ende dieses Jahrzehnts brachte etliche technische Neuerungen: So flossen 1959 die ersten Erkenntnisse aus der Unfallforschung in neuartige Sicherheitskonzepte ein. Zu dieser Entwicklung hatte Bela Barényi entscheidend beigetragen, der seit 1939 für die Stuttgarter tätig war und im Laufe dieser Jahre Tausende von Patenten im Bereich der Sicherheitsforschung für das Unternehmen erworben hatte. Nur ein Jahr später sollte in Sindelfingen der erste Windkanal gebaut werden. 1961 war auch das Jahr, in dem am 25. Februar – man feierte das Jubiläum »75 Jahre Motorisierung des Verkehrs« – das neue Daimler-Benz-Museum in Untertürkheim eröffnet wurde. Ein Museum, das bis heute zu den besten Automobilmuseen der Welt gezählt werden muss.
Von 1962 an war es möglich, auch die Typen **190, 220** und **220 S** mit einem **Automatikgetriebe** zu erwerben – eine Option, die im Laufe der Jahre immer mehr Freunde bekommen sollte: Wurden 1962 nur fünf Prozent der Fahrzeuge mit einer Automatik ausgeliefert, so sollten es nur fünf Jahre später bereits 34 Prozent sein. Außerdem lief in diesem Jahr die Produktion des **»Adenauer«-300ers** aus. Was die Interessenten dieses Topmodells zu diesem Zeitpunkt nicht wussten: Der Nachfolger, das Modell 600, war bereits in der Endphase seiner Entwicklung. Er sollte im Herbst 1963 auf der Autoausstellung in Frankfurt für Furore sorgen.

Mit dem neuen Sechshunderter – oder **»W 100«** (wie der interne Code-Name hieß) – hatten die Stuttgarter den Anspruch erhoben, das beste Automobil der Welt zu bauen. Dafür war ihnen nichts gut genug: So bekam das neue Flaggschiff einen neuen 6,3-Liter-Achtzylinder, der bereits bei 4.000/min seine Maximalleistung von 250 PS zur Verfügung stellte.
Trotz des beachtlichen Leergewichts von 2.475 Kilogramm war die große

Limousine auch erstaunlich sportlich zu fahren – die »Motor-Revue« attestierte der Staatskarosse eine »verblüffende Eleganz« bei der Bewältigung auch schlechtester Straßen.

Nichts war den Technikern gut genug: Mit dem Typ 600 schuf Mercedes-Benz das beste Auto der 1960er-Jahre.

Alle Fachzeitschriften der Erde waren begeistert: Die Luftfederung brachte bislang unbekannten Komfort, der Achtzylinder erstaunliches Temperament (von Null auf 100 km/h in 10 Sekunden) und die komplexe Hydraulik hob und senkte Fensterscheiben genauso leise wie sie die Sitze und das Lenkrad verschob und den Kofferraumdeckel sanft zuzog. Und so schrieb auch die »Motor-Revue«: »Der 600 ist das beste Auto der Welt – er muß es sozusagen sein, weil einfach kein anderer Wagen in ähnlichem Maße alle in der heutigen Automobiltechnik vorhandenen Möglichkeiten in sich vereinigt. Was man angesicht dieses Wagens wünschen und hoffen muß, ist, daß seine Vorzüge künftig einmal auch in billigeren Autos zu finden sein werden. Daimler-Benz hat mit dem 600 nicht nur ein Exempel statuieren, sondern

Für Staatsoberhäupter und Popstars: Die lange Version des 600 trug den Namen »Pullmann« und wog stolze 2.650 Kilogramm.

zugleich auch neue Ziele für die Serienentwicklung stecken wollen. Daran kann auch die Konkurrenz nicht ganz achtlos vorübergehen. Und so wirkt der 600, obwohl nur ein Luxusfahrzeug für wenige, befruchtend auf die Autotechnik der Welt.«

In der Tat waren die Stückzahlen nie sehr hoch: Von 1963 bis zur Produktionseinstellung 1981 wurden ganze 2.190 Exemplare von ausgewählten Handwerkern von Hand gefertigt – dazu kamen 486 »**lange**« Exemplare mit einem um 70 Zentimeter verlängerten Radstand, von denen wiederum 59 Stück als »**Landaulet**« ausgeliefert wurden. Diese Variante mit dem herabklappbaren Dach über der Heckpartie war übrigens der Liebling der Staatsregierungen und Königshäuser, deren Vertreter sich so im Fond ihren Untertanen zeigen konnten.

Der 600 war für Mercedes-Benz nie ein Geschäft. Er war, wie auch der Typ 770 »Großer Mercedes«, ein Prestigeobjekt – ein Fahrzeug, mit dem man seinen Ruf weiter aufpolieren konnte und das dem Image, außergewöhnliche Technik zu bieten, nur förderlich war.

Dass man sein Image aber auch mit Fahrzeugen weiter heben kann, an denen man auch Geld verdient, bewies der ebenfalls 1963 präsentierte neue **230 SL**, der es zuerst einmal schwer hatte, als legitimer Nachfolger des 300 SL akzeptiert zu werden. Rasch setzte sich der elegante Reise-Roadster jedoch am Markt durch, und die späteren Versionen mit dem 2,5-Liter- (**250 SL**) und 2,8-Liter-Sechszylinder (**280 SL**) brachten auch bis zu 170 PS an die Hinterachse – ausreichend Leistung und Temperament, die immerhin 48.912 glückliche und zufriedene Kunden fanden.

1964 wurde »Mercedes-Benz of North America« gegründet. Von diesem Zeitpunkt an wurden alle DB-Fahrzeuge für die USA und Kanada über diese Tochtergesellschaft ausgeliefert. Nicht weniger als 165.532 Fahrzeuge, 33.805 Nutzfahrzeuge und 3.452 Omnibusse konnten verkauft werden und der Umsatz überschritt erstmals die 4-Milliarden-Grenze. 1964 war aber auch das Jahr, in dem die erfolgreichen **300-SE**-Rallye-Fahrzeuge ihre Karriere beenden mussten. Trotz der Siege beim »24-Stunden-Rennen von Spa« und beim »Großen Preis von Argentinien« beschloss der Vorstand im Dezember, die bereits für die Saison 1965 fertigen Fahrzeuge in der Entwicklungsabteilung stehen zu lassen.

Der SLC wurde bis 1981 produziert – wobei der 450 SLC 5.0 als der erste Mercedes-Benz mit einem (wenn auch noch kleinen) Heckspoiler in die Firmengeschichte einging.

Einer der Gründe dafür war sicherlich die Präsentation der neuen **S-Klasse** im Jahre 1965: Waren die verschiedenen Modellreihen bis dahin optisch noch schwer voneinander unterscheidbar, so wurde nun alles anders. Die neue Modellreihe mit der Bezeichnung **W 108** wurde zuerst einmal als **250 S/SE** und als **300 SE/SEL** vorgestellt; später sollten sich noch die Typen **280 S/SE/SEL** und der **280 SE/SEL 3.5** hinzugesellen. Für die USA kam noch ein **280 SE/SEL 4.5** zum Einsatz, während der **300 SEL 6.3** in den Jahren zwischen 1967 und 1972 zum Porsche-Schreck für die große Familie mutierte. Mit seinen 250 PS erreichte die mit allem Luxus ausgestattete viertürige Limousine mehr als 220 km/h Höchstgeschwindigkeit – so schnell war damals auch ein Porsche 911 S.
In den nächsten beiden Jahren wurde aus Untertürkheim nur Modellpflege

PRIVE
5344YM75

gemeldet. Daimler-Benz trennte sich sukzessive von seinen Anteilen an der Auto Union AG, die bis zum Herbst 1966 vollständig in den Besitz von Volkswagen übergegangen war. Bei dieser Übergabe blieb auch der von Mercedes entwickelte Mitteldruckmotor in Ingolstadt, mit dem Audi in den nächsten Jahren gute Verkaufserfolge erzielen konnte.

1967 lief die Produktion des Leichtmetall-Sechszylinders des **300 SE/SEL** aus. Als Ersatz kam im November der neu entwickelte **2,8-Liter-Sechszylinder** ins Programm. Um wie viele Varianten man sich in den letzten Jahren gekümmert hatte, zeigte sich aber erst 1968, als neben einem neuen **300 SE/SEL** auch der **300 SEL 6.3** zu den Händlern kam. Neben den großen Limousinen gab es noch ein neues »kleines« Coupé, den **250 C/CE**, sowie einen **220 D** für denjenigen, der zwar einen sparsamen Selbstzünder fahren, aber nicht auf das Temperament von immerhin 60 PS verzichten wollte.

Technische Avantgarde – der C 111 hätte den 300 SL als Statussymbol ablösen können.

Mittlerweile hatte ein völlig neues Triebwerk die Fachwelt überrascht: Felix Wankel hatte seinen Wankelmotor zur Serienreife gebracht, und NSU hatte um dieses kompakte Kraftpaket mit dem avantgardistischen RO 80 eine aerodynamisch ausgefeilte Limousine geschaffen, die die Öffentlichkeit begeisterte. Natürlich hatte man sich in Stuttgart dieses neue Motorprinzip genau betrachtet – und ihm durchaus gute Zukunftschancen attestiert. Um die Möglichkeiten dieses neuen Motors auszuloten, war ein Versuchsträger gebaut worden, den die Öffentlichkeit nur allzu gerne als den legitimen Nachfolger des 300 SL mit den Flügeltüren gesehen hätte. Der Neue bekam die Bezeichnung »**C 111**«, und die Journalisten und Reichen dieser Erde liebten ihn auf Anhieb.

Zuerst mit einem Dreischeiben- (280 PS), später mit einem Vierscheibenmotor (350 PS) ausgestattet, war der C 111 unverschämt schnell (bis zu 300 km/h) und unglaublich attraktiv: Die Zahl der Blankoschecks häufte sich in der Konzernzentrale – wer Geld hatte, wollte einen C 111 haben, egal zu welchem Preis.

Dieses Coupé – das werksintern das Kürzel C 114 trug – war eines der ersten Modelle mit einer elektronischen Bosch-Benzineinspritzung, die im 250 CE für 150 PS sorgte. (Gegenüberliegende Seite)

Mit den verschiedensten Versuchsmotoren erreichten Prototypen immer höhere Weltrekorde: So fuhr ein C 111 mit einem Fünfzylinder-Dieselmotor mehr als 320 km/h schnell, eine spätere Variante mit einem aufgeladenen Achtzylinder erreichte sogar mehr als 410 km/h.

Doch in ein Serienmodell schaffte es der Wankelmotor nie. Dafür sorgten zwei Ereignisse: Erstens stellte die erste Ölkrise alle verbrauchsfreudigen Motorkonzepte ins gesellschaftliche Abseits, und zweitens hätte Mercedes für

Der C 111 war ein Prototyp mit einem Vierscheiben-Wankelmotor. Obwohl die Reichen dieser Erde Mercedes-Benz mit Bestellungen eindeckten, ging der Wagen nicht in Serie.

diesen völlig neuen Motor ein völlig neues Motorenwerk bauen müssen. Und für diese Investition war das Risiko dann doch zu groß. Stattdessen konzentrierte man sich lieber verstärkt auf die Frage, wie die Fahrzeuge sicherer gemacht werden könnten. Von 1970 bis 1972 lieferten die Stuttgarter jedes Jahr einen neuen Sicherheitsprototypen ab, der einer damals noch desinteressierten Öffentlichkeit zeigen konnte, dass das Thema Sicherheit bei der Marke mit dem Stern in guten Händen war.

Natürlich beschäftigte man sich in Stuttgart nicht nur mit Wankelmotoren und Sicherheitsfahrzeugen, sondern auch mit Gefährten für den Kunden. So löste 1970 der neue **350 SL** den **280 SL** (liebevoll »Pagode« genannt) ab, dem im Herbst 1971 das **SLC-Coupé** folgte. Rasch schlossen sich der **450 SL** und der **450 SLC** an. Wer es – gerade in den Zeiten der Ölkrise – gerne etwas kleiner hatte, konnte auch zum **280 SL** und **280 SLC** greifen. Es gab aber auch die Möglichkeit, sich eine noch stärkere Variante in die Garage zu stellen: Zuerst als **450 SLC 5.0** (nur 1.615 Exemplare) und dann als **500 SLC** hat dieses Coupé auch heute noch begeisterte Sammler – wobei besonders der 450 SLC 5.0 die Käufer überraschte, war dies doch der erste Mercedes, der über einen (wenn auch kleinen) Heckspoiler auf dem Kofferraumdeckel verfügte.

Der Achtzylinder des 350 SL war knapp ein Jahr im Programm, als er im Sommer 1972 auch in der neuen S-Klasse zum Einsatz kam. Wieder einmal hatte man sich angestrengt, eine ganz besondere Limousine auf die Räder zu stellen: Mit viel Komfort, bislang unbekannten Sicherheitsfeatures und einem bemerkenswert sportlichen Fahrwerk bot die neue S-Klasse schon besondere Reize, die sich rasch in langen Lieferfristen niederschlugen. Im Laufe der nächsten Jahre wurde die Modellpalette immer attraktiver: Im März 1973 feierte der 4,5-Liter-Achtzylinder im **450 SE/SEL** Weltpremiere – und es kristallisierte sich schnell heraus, dass dieser 225 PS starke Motor auch seinen Weg in das **Coupé** und in den **SL** finden würde. Aber man dachte in Stuttgart nicht nur an die absoluten Topmodelle, sondern auch an das Fahrvergnügen der anderen Klassen. Zum ersten Mal kam im **280** und **280 E** ebenfalls ein Reihen-Sechszylinder mit und ohne Einspritzung zum Einsatz, und mit dem **240 D 3.0** hatte der leistungsbewusste Diesel-Fahrer erstmals einen Fünfzylinder mit 80 PS zur Verfügung.

1974 war das Jahr, in dem die Araber mit ihrem ersten Ölboykott den Westen tief verunsicherten. Plötzlich waren große Motoren, hohe Verbrauchswerte und beeindruckende Beschleunigungswerte nicht mehr gefragt – eine Entwicklung, die nicht nur dem Wankelmotor das Ende bereitete, sondern auch etliche Hersteller exotischer Fahrzeuge entweder in die Pleite oder in die Hände großer Unternehmen trieb. Mercedes-Benz blieb allerdings von größeren Entlassungen verschont, nur in Teilbereichen der Transporterfertigung in Düsseldorf wurde Kurzarbeit angemeldet.

Die erste Variante des C 111 verfügte über einen 280 PS starken Dreischeiben-Wankelmotor – die Höchstgeschwindigkeit lag bei 270 km/h.

In diesem Jahr wechselte ein größeres Aktienpaket den Besitzer: Ende November verkauften die Erben von Herbert und Harald Quandt ihre 14,6-prozentige Beteiligung für etwa 800 bis 900 Millionen Mark an die Kuwait Investment Company. Und nur ein Jahr später trennte sich die Friedrich Flick KG zum Preis von 1,8 Milliarden Mark von ihrer 29-prozentigen Beteiligung. Das Aktienpaket ging an die Deutsche Bank, die seitdem mit 57,7 Prozent die Mehrheit an der Mercedes-Benz AG besitzt.

Kaum war die erste Ölkrise etwas in Vergessenheit geraten, packten die Ingenieure den legitimen Nachfolger des unvergessenen 300 SEL 6.3 aus der Tasche: Mit dem **450 SEL 6.9** präsentierte das Unternehmen eine 70.000 Mark teure Limousine, deren knapp 7 Liter großer Achtzylinder nicht weniger als 286 PS bereitstellte. Damit war das mit allem Komfort ausgestattete Gefährt knapp 230 km/h schnell – was die damalige Porsche-

Für Versuchsfahrten im aerodynamischen Grenzbereich wurde der C 111-IV mit einem 500 PS starken Achtzylinder mit zwei Turboladern ausgerüstet. Das Gefährt erreichte auf der Hochgeschwindigkeitsstrecke von Nardo 410 km/h.

Palette nur in der Form des Carrera RS bieten konnte. Nicht weniger als 7.380 Exemplare wurden in den Jahren bis 1980 gefertigt – auch diese sind heute gesuchte Sammlerstücke.

1976 kümmerte man sich dafür in Untertürkheim wieder um die etwas preisgünstigere Mittelklasse: Mit dem **W 123** kam eine völlig neue Baureihe auf den Markt, die – in einer Vielfalt von Motorvarianten – bis 1985 im Angebot war. Dass man sich auch neuen Käuferschichten zuwandte, bewies der nüchtern-sachliche, aber dennoch nicht unattraktive Kombi, der 1977 als **T-Modell** die Fahrzeugpalette ergänzte. Für den Vortrieb sorgten eine Vielzahl von Vier-, Fünf- und Sechszylinder-Triebwerken, die zwischen 2,0 und 3,0 Liter Hubraum besaßen. Die Verkaufszahlen waren beeindruckend: Mehr als 1,2 Millionen Dieselfahrzeuge, rund 1,1 Millionen Benziner und 200.000 Fahrgestelle für Sonderaufbauten wurden ausgeliefert.

Für den Ästheten gab es natürlich auch ein **C 123 Coupé**, das bis zum August 1985 mit dem 2,3-Liter-Vierzylinder und einem 2,8-Liter-Achtzylinder im Modellprogramm blieb.
Für die USA war auch ein **CD-Modell** lieferbar, wobei CD hier für »Coupé Diesel« stand. Von dieser Variante, die von September 1981 bis 1985 zum **CD Turbodiesel** mit immerhin 123 PS mutierte, wurden allerdings nur 15.509 Fahrzeuge gebaut, während die Vier- und Sechszylinder in knapp 85.000 Exemplaren entstanden.

Die Fortsetzung einer großen Tradition: Mit den »S«-Klassen besetzen die Stuttgarter seit Jahrzehnten erfolgreich das obere Marktsegment.

Noch bestand das Mercedes-Benz-Modellprogramm aus nur zwei Limousinen-Modellreihen und den daran angelehnten Coupés und Roadstern, und so konnte man es sich auch leisten, die nächste S-Klasse erst zur IAA im September 1979 vorzustellen. Wie nicht anders zu erwarten, erhielt auch diese Baureihe mit der Typ-Bezeichnung **W 126** von allen Fachzeitschriften nur die besten Noten. Die neue Oberklasse überzeugte durch Ökonomie und Sicherheit und ein elegantes Design, das die Größe und das Volumen dieses großen Wagens geschickt verbarg. In der ersten Stufe gab es den W 126 in drei verschiedenen Varianten: als **280 SE** und **SEL**, als **380 SE** und **SEL** sowie als **500 SE** und **SEL**. Später sollten andere Varianten mit einem 3,0-Liter-Sechszylinder und einem auf 4,2 Liter Hubraum aufgebohrten Achtzylinder folgen.

Als absolutes Topmodell folgte 1985 der **560 SEL**, der rasch als legitimer Nachfolger des 300 SEL 6.3 und 450 SEL 6.9 akzeptiert wurde. Hier hatte die Erhöhung des Hubs um etwa einen Zentimeter den zusätzlichen Hubraum bereitgestellt, der die Leistung auf 272 PS anwachsen ließ. Allerdings sorgte die parallel dazu aufkommende Katalysator-Diskussion für einen kleinen Leistungsabfall: Die erste 560 SEL-Kat-Generation besaß »nur« 242 PS, was aber dennoch für überragende Fahrleistungen sorgte. Später sollten die Techniker diese Leistung dann mit der Hilfe einer Bosch KE III-Jetronic wieder auf 279 PS anheben.

Natürlich dauerte es auch nicht lange, bis der Vorstand ein neues Top-Coupé präsentieren konnte, das in der Tradition eines 300 Sc oder eines 280 SE 3.5 Coupés stand: Mit dem **C 126** hatte Mercedes-Benz auf der Frankfurter IAA im September 1981 einmal mehr ein optisches Prachtstück abgeliefert, von dem in den nächsten Jahren bis zur Produktionseinstellung im Jahre 1991 nicht weniger als 74.060 Exemplare gefertigt wurden. Interessant war bei diesem Coupé besonders der Modellmix: Während von den »kleinen«

Das Top-Modell der 1980er-Jahre: Der 560 SEL leistete 300 PS und kostete 1985 bereits 121.410 Mark.

Varianten des **380 SEC** und **420 SEC** nur 11.267 bzw. 3.680 Fahrzeuge zur Auslieferung gelangten, verkauften sich von dem **500 SEC** immerhin 30.184 Exemplare, während von dem 133.608 Mark teuren **560 SEC** – dessen Produktionszeit nur von 1985 bis 1991 dauerte – 28.929 Fahrzeuge abgesetzt wurden.

Die SEC-Modelle waren zweifellos die Highlights in der Modellpalette der Stuttgarter in den späten 1980er-Jahren. In ihrer dezenten Eleganz, ihrem perfekten Fahrwerk, den seidenweichen Achtzylindern und ihrer legendären Zuverlässigkeit vereinten sie in sich all das, was die Marke mit dem Stern über ein Jahrhundert so berühmt und so begehrenswert gemacht hatte.

Aber man hatte sich in der Zwischenzeit auch mit anderen Fahrzeugen beschäftigt, beispielsweise Geländefahrzeugen. Mit dem Unimog verfügten die Ingenieure bereits seit Jahrzehnten über viel Allrad-Know-how, und so wunderten sich die Eingeweihten nicht weiter, als sich Mercedes-Benz im Sommer 1979 mit der **G-Reihe** ein neues Geschäftsfeld erschloss. Allerdings hatte an dieser Entwicklung auch das Militär mitgewirkt, das an einem robusten Geländewagen Interesse gezeigt hatte. Dahinter steckte unter anderem der Schah von Persien, der sein Interesse mit einer Bestellung in beachtlich hohen Stückzahlen nachdrücklich unterstrichen hatte.

Die G-Klasse wurde in Zusammenarbeit mit der österreichischen Steyr-Daimler-Puch AG entwickelt, wobei der Geländewagen mit fünf verschiedenen Karosserieaufbauten und vier Motorvarianten (**230 G, 280 GE, 240 GD** und **300 GD**) lieferbar war. Trotz der beachtlich hohen Preise eroberte sich der »G« einen neuen Käuferstamm, der die Qualität und die ausgefeilte Technik zu schätzen wusste. Mitte der 1990er-Jahre sollte dann noch kurz eine besonders rare Variante an ausgewählte Freunde des Hauses verteilt werden: Nach der Umstellung der 5-Liter-Achtzylinder von Zwei- auf Vierventiltechnik wurden 1.000 der Zweiventilmotoren in einem besonders exklusiv ausgestatteten **500 GE** montiert, der nicht nur unglaublich schnell war, sondern auch den privaten Besitz einer Tankstelle angeraten sein ließ – unter25 Litern bewegte sich dieses Fahrzeug kaum von der Stelle.

Doch dieses Projekt war Mitte der 1980er-Jahre noch ferne Zukunft. Damals näherte sich das Unternehmen zielstrebig seinem großen Geburtstag: 1986 sollte Daimler-Benz – und damit auch das Automobil – 100 Jahre alt werden. Man war dafür gut gerüstet: Die Modellpalette wuchs um eine neue Baureihe, und die intern lang umkämpfte C-Klasse sollte sich als ein Glücksgriff erweisen.

Es ist seit vielen Jahren eine Selbstverständlichkeit, dass jede S-Klasse auch ein entsprechendes Coupé-Derivat erhält: Hier ist ein 560 SEC zu betrachten.

S-DN 6763

Neue Autos braucht das Land

Mit der 100-Jahr-Feier begann eine neue Ära

Die Marke mit dem Stern war nun langsam in ein ehrwürdiges Alter gekommen. Das Unternehmen konnte im Sommer 1986 nicht nur sein hundertjähriges Bestehen, sondern zugleich auch das Zentenarium des Automobils feiern. In diesen 100 Jahren hatte sich viel verändert: Das Auto verwandelte sich von einem Spielzeug der Reichen und der Aristokraten in ein Massenverkehrsmittel, ohne das sich der individuelle Personen- und Güterverkehr nie hätte entwickeln können.

Parallel dazu hatte sich auch das Unternehmen dramatisch verändert: Natürlich lieferte man noch immer mit den Limousinen der S-Klasse die bevorzugten Fahrzeuge der oberen Zehntausend – denen mit den SEC-Coupés und dem unvergleichlichen SL die entsprechenden sportlichen Derivate zur Seite standen. Aber gleichzeitig hatte sich die Mittelklasse W 124 als das große solide Standbein des Unternehmens entpuppt – dem sich zu Anfang der 1980er-Jahre die neue **C-Klasse** als Einstiegsbaureihe und als zweite große Stütze anschloss.

Die Entwicklung dieses – in den ersten Artikeln leicht spöttisch als »Baby-Benz« apostrophierten – **190ers** mit der Baureihenbezeichnung **W 201** war in entscheidendem Maße auf den Druck des damaligen Vertriebsvorstands Heinz C. Hoppe entstanden, der für die Entwicklung der kleinen Baureihe zwei Argumente anführte: Erstens benötigte man für den wichtigen US-Markt dringend ein sparsames Fahrzeug, um die dort neu eingeführten Flottenverbrauchswerte reduzieren zu können (und damit viel Luxussteuer zu sparen), und zweitens erkannte Hoppe, dass eine neue Generation von Käuferinnen und Käufern heranwuchs, die zwar schon gerne bereit waren, für die Mercedes-Sicherheit und -Qualität gutes Geld zu bezahlen, sich aber nicht in einem großen Fahrzeug sehen lassen wollten.

Mit dieser dritten großen Baureihe wagten sich die Stuttgarter in ein völlig neues Terrain, doch schon rasch konnte in der Konzernzentrale Entwarnung gegeben werden: Der »kleine« Mercedes verkaufte sich hervorragend. Es

Mit dem »G-Modell« baut Mercedes-Benz seit 1979 eines der besten Geländefahrzeuge der Welt. Da die ungewöhnlich aufwändige Technik aber ihren Preis hat, blieben die Stückzahlen immer relativ niedrig. (Gegenüberliegende Seite)

stellte sich zur Freude des Finanzvorstands rasch heraus, dass der 190er den Zeitgeist getroffen hatte: Understatement, gepaart mit hervorragender Technik und schwäbischer Qualität – das musste einfach gut ankommen. Letzlich sollten von der ersten C-Klasse nicht weniger als 1.874.668 Exemplare verkauft werden.

Rasch wurde der Ruf nach immer neuen Varianten laut: Auf die im Oktober 1982 eingeführten Basismodelle **190** (90 PS) und **190 E** (122 PS) folgten im November 1983 der **190 D** (53 PS), dem von April 85 an der stärkere **190 D 2.5** mit 66 PS zur Seite stehen sollte. Bereits im Oktober 1984 war das Basismodell 190 durch eine nunmehr 77 PS starke Variante ersetzt worden, während die wirklich leistungshungrigen Kunden bis zum September 1986 warten mussten, um den **190 E 2.3** mit 136 PS bestellen zu können. Ein knappes Vierteljahr später kam dann noch der **190 E 2.6** mit seinem Reihen-Sechszylinder und 166 PS Leistung auf den Markt.

Solidität und Qualität – millionenfach gebaut: die E-Klasse.

Die neue Käuferklientel, die im Laufe der Jahre Hunderttausende der neuen Modelle erwerben sollte, war aber nicht nur jünger und modischer als viele der bislang typischen Mercedes-Benz-Kunden, sie erwartete auch (zumindest ein großer Teil von ihr) ein etwas sportlicheres Image. Nun hatten die Stuttgarter zwar nicht ohne Erfolg mit dem **450 SLC 5.0** und dem **280 CE** an etlichen Läufen zur Rallye-Weltmeisterschaft teilgenommen, aber es hatte sich herauskristallisiert, dass die zwar soliden und scheinbar unzerstörbaren Coupés für die gerade beginnende Rallye-Euphorie zu groß, zu schwer und zu unhandlich waren.
Da traf es sich gut, dass man mit dem W 201 ein neues, kleines Fahrzeug in der Entwicklung besaß und mit Walter Röhrl (der gerade mit Fiat den Rallye-WM-Titel geholt hatte) den wahrscheinlich besten Rallye-Fahrer aller Zeiten unter Vertrag genommen hatte.

Röhrl, der genau wusste, welche Rallye-»Bomben« sich bei der Konkurrenz in Entwicklung befanden, erläuterte den Stuttgartern seine Vorstellung von einem Siegerauto: ein Mittelmotorwagen mit Allradantrieb und darüber eine aerodynamisch ausgefeilte modifizierte 190-E-Karosserie, die bei dem Betrachter den Eindruck hinterlassen musste, dass hier ein serienmäßiges Straßenauto über den Col de Turini schoss, um anschließend den Fahrer bei Prinz Rainier den Siegespokal der »Rallye Monte Carlo«

abholen zu lassen. Irgendwie war allen Beteiligten wohl klar, dass dieses Unterfangen in Untertürkheim auf keine große Gegenliebe stoßen würde, allerdings hatte man bei Abbruch des Projekts bereits mit der Entwicklung eines Vierzylinder-Vierventilmotors begonnen, der letztlich dem **190 E 2.3-16** zugute kommen sollte.

Und so erschien im September 1983 dieser 2.3-16 auf der IAA in Frankfurt – dessen Produktion genau ein Jahr später anlaufen sollte. Ursprünglich auf eine limitierte Serie von 5.000 Exemplaren ausgelegt (damit dem Reglement für einen eventuellen Sporteinsatz in der Gruppe A Genüge getan war), entpuppte sich der »Sechzehnventiler« rasch als Kultauto, dessen eigenartiger Melange aus Seriosität und Leistung sich viele Kunden nicht entziehen mochten.

Der 190 E 2.3-16 besaß nicht nur den ersten Mercedes-Benz-Serienmotor mit zwei oben liegenden Nockenwellen, er leitete auch eine sportlichere Neuorientierung der Stuttgarter Produkte ein.

Der 190 E 2.3-16 trug entscheidend dazu bei, dass das Image des Hauses Mercedes-Benz wieder einen sportlicheren Charakter bekam. Mit seinem 185 PS starken Vierzylinder und dem kecken Heckspoiler durfte er nicht nur 1984 auf der Hochgeschwindigkeitsbahn im süditalienischen Nardo etliche neue Geschwindigkeitsweltrekorde aufstellen (so zum Beispiel 50.000 Kilometer mit einer Durchschnittsgeschwindigkeit von 247 km/h), es blieb auch diesem Modell vorbehalten, den neuen Nürburgring mit einem Rennen am 12. Mai 1984 mit 20 identischen Fahrzeugen dieses Typs einzuweihen.

Die Rennfahrer kamen gerne an den »neuen« Nürburgring, denn erstens fuhr ein Großteil von ihnen selbst ein Fahrzeug des schwäbischen Hauses, und zweitens waren alle von dem Gedanken begeistert, diese neue Sportlimousine einmal im Rennen zu bewegen. Dass Mercedes-Benz nur wenige Jahre später bei der deutschen Rennsport-Meisterschaft an derselben Rennstrecke mit absoluten High-tech-Fahrzeugen auftauchen sollte, die sich in ihrer Raffinesse nur wenig von den Formel-1-Boliden unterschieden, konnte damals aber noch niemand ahnen. Und wer prophezeit hätte, dass die Stuttgarter zusammen mit dem McLaren-Team sogar ein Jahrzehnt später in der Formel 1 zum Nürburgring zurückkehren würden, wäre wahrscheinlich für verrückt erklärt worden.

S MJ 1842

Das S 500 Coupé überzeugt durch seine Eleganz, seine Leistung und die außerordentlich hohe Sicherheit der Karosserie und des Fahrwerks. Dass diese Qualitäten ihren Preis haben, ist klar. (Vorhergehende Doppelseite)

Aber dennoch: Mit dem Auftritt des 190 E 2.3-16 hatten die Schwaben am neuen Ring eine erste Duftmarke hinterlassen – und jeder der Rennfahrer wollte anschließend »seinen« Rennwagen (der in Realität eine etwas modifizierte Serienlimousine war) kaufen. »Weil es so wahnsinnig Spaß macht, mit diesem Wagen zu fahren«, so Niki Lauda stellvertretend für seine Kollegen.

Einen bemerkenswerten Einstand feierte bei diesem Rennen auch ein gewisser Ayrton Senna, der noch ziemlich frisch seine erste Formel-1-Saison absolvierte, seinen Kollegen aber auf und davon fuhr und vor dem etwas überraschten Niki Lauda und Carlos Reutemann gewann. Dass der Brasilianer Senna über ein unglaubliches Fahrkönnen verfügte, hatten die Mitstreiter in den Jahren bis zu seinem tödlichen Unfall beim »Großen Preis von San Marino« in Imola 1994 noch oft zu akzeptieren.

Mit dieser Rückkehr in den großen Motorsport – der über die Gruppe-C-Rennwagen professionell vorbereitet wurde – gelang es Mercedes-Benz, wieder ein jüngeres Publikum an das Haus zu binden. Man unterstützte dieses neue Selbstverständnis natürlich auch mit entsprechenden Modellen: War der **190 E 2.5-16** – vor allem in seiner zweiten wilden Evolutionsstufe mit dem riesigen Heckflügel – noch ein Produkt des Sportreglements, so waren der **500 E**, dessen Nachfolger **AMG E 50** sowie der **AMG C 36** auf der Basis der kleinen C-Klasse reinrassige Sportwagen, denen nur der Kenner die vielen Pferdestärken unter der Motorhaube ansehen konnte.

Klar, dass dieser Wagen auch die Ausgangsbasis für einen immer forcierteren Sporteinsatz war. Bereits 1985 waren die ersten Fahrzeuge in der Gruppe A bei diversen Läufen zur Rallye-Europameisterschaft zu bewundern, und wohin die Reise letztlich gehen sollte, zeigte sich spätestens im Frühjahr 1986, als der älteste Mercedes-Tuner, die Firma AMG in Affalterbach, zwei 190 E 2.3-16 für das Team von Dr. Helmut Marko aufbaute, mit denen der Österreicher bei der Deutschen Tourenwagen-Meisterschaft antrat. Ein Einstieg in diese prestigeträchtige Serie, die sicherlich nicht ohne das Wohlwollen des Daimler-Vorstands erfolgte und der letztlich zu den großartigen Rennwagen der letzten Jahre und vielen Siegen und Titeln weltweit führen sollte.

Über diese Aufwertung des Images hinaus hatten die Stuttgarter aber natürlich nicht vergessen, womit sie Brot und Ehre zu verdienen hatten: beispielsweise mit der zum Jahreswechsel 1984/85 präsentierten neuen Mittelklasse, die sich – unter der Typbezeichnung **W 124** – an der äußerst erfolgreichen Vorgängerreihe W 123 zu messen hatte, von der nicht weniger als 2,5 Millionen Exemplare verkauft werden konnten. Aber wie nicht anders zu erwarten, wurde auch die neue E-Klasse ein Riesenerfolg.

Mit dem 190 2.3-16 kehrte Mercedes-Benz in den 1980er-Jahren in den Rennsport zurück.

Das lag nicht zuletzt an der Tatsache, dass die Stuttgarter in relativ rascher Abfolge ein großes Angebot an Motoren zur Verfügung stellten, mit denen sich jeder Interessent sein ganz persönliches Modell zusammenkomponieren konnte. So reichte die Triebwerkspalette von den beiden Vierzylinder-Basismodellen **200 E** und **230** bis hin zu den edlen Sechszylindern **260 E** und 300 E, während die Freunde des Dieselmotors die Qual der Wahl zwischen einem Vierzylinder (**200 D**), einem Fünfzylinder (**250 D**) und einem Sechszylinder hatten (**300 D**), dem im Februar 1986 in der Form des **300 D Turbo** auch noch eine leistungsstärkere Variante mit nunmehr 105 PS zur Seite stand, die mit einer Höchstgeschwindigkeit von 203 km/h sogar die prestigeträchtige 200-km/h-Mauer durchbrach.

Als im September 1985 auf der IAA dann auch noch der Kombi unter der Bezeichnung **T-Limousine** auf der Basis des W 124 vorgestellt wurde, war das Modellprogramm nahezu komplett – nahezu deshalb, weil man es sich

Niki Lauda war einer der Piloten, die sich mit einem der 190 E 2.3-16 bei dem Einweihungsrennen des neuen Nürburgrings vergnügten – der Sieg gehörte allerdings dem brasilianischen Wunderfahrer Ayrton Senna.

in Stuttgart natürlich nicht nehmen ließ, auf der IAA 1987 ein bildschönes **Coupé** zu präsentieren, dem vier Jahre später sogar noch ein viersitziges **Cabriolet** zur Seite gestellt wurde. Dies war das erste Familien-Cabrio seit der Produktionseinstellung des mittlerweile legendären 280 SE 3.5 Cabrios im Juli 1971.

Nachdem der 190 E 2.3-16 nicht nur das sportliche Image des Hauses gestärkt, sondern auch die Vierventiltechnik populär gemacht hatte, war es klar, dass sich diese Technologie langfristig auch in den anderen Motoren durchsetzen würde – den Anfang machte auf der IAA 1989 der **300 E-24**, dessen Reihen-Sechszylinder nun 220 statt der im Zweiventiler gelieferten 180 PS leistete.

Da diese beachtliche Höchstleistung erst bei 7.000/min zur Verfügung stand, hatten sich die Ingenieure etliche Tricks einfallen lassen, um dem Wagen die Daimler-typische Laufruhe anzugewöhnen. So gab es beispielsweise variable Nockenwellen-Steuerzeiten, damit der Motor im Bereich zwischen 2.000 und 5.000 Umdrehungen über mehr Drehmoment verfügen konnte; dazu kamen ausgefeilte Geräuschdämmungsmaßnahmen und ein (gegen Aufpreis erhältliches) Fünfganggetriebe, das die Drehzahlen auch bei höheren Geschwindigkeiten niedrig hielt.

Es sollte bis zum Oktober 1990 dauern, bis Mercedes-Benz die nächste Leistungsstufe zündete: Auf dem Pariser Automobilsalon waren der **400 E** und der **500 E** erstmals zu besichtigen. Zwei sportliche Topmodelle, bei denen die Stuttgarter die aus der S-Klasse bekannten 4-Liter- und 5-Liter-Achtzylinder unter der Motorhaube der E-Klasse positioniert hatten: War der im ersten Produktionsjahr nur in den USA und Japan lieferbare 400 E eher ein Understatement-Gefährt, dem man seine 271 PS und die daraus resultierenden 250 km/h nicht ansehen konnte, so demonstrierte der 500 E mit seinen Kotflügelverbreiterungen und dem Frontspoiler seine 326 PS schon deutlicher.
Dass der 500 E zudem noch in einer Kleinstserie – 18 Fahrzeuge pro Tag – bei Porsche in viel Handarbeit gefertigt wurde, erhöhte den Nimbus des immerhin 144.324 Mark teuren Sportwagens nur noch mehr. Wenn sich die deutsche Autoindustrie (mit Ausnahme von Porsche) nicht in den späten 80er Jahren darauf geeinigt hätte, die Höchstgeschwindigkeit ihrer Topmodelle bei 250 km/h einzufrieren, wäre der 500 E knappe 280 km/h schnell gewesen – und das mit vier Türen und einem beachtlich großen Kofferraum.

Der 500 E sollte – nach dem 190 E 2.3-16 – das nächste Kultauto einer begüterten Kundschaft werden, die den wiedererwachten sportlichen Geist der Marke mit dem Stern mit Begeisterung akzeptierte.
Dieses neue Image wurde mit den immer stärker werdenden Motorsporteinsätzen unterstützt: Nachdem sich der Vorstand während des Genfer Automobilsalons 1989 dazu durchgerungen hatte, die Gruppe-C-Rennsportboliden des Schweizers Peter Sauber auch offiziell (und natürlich in Silber lackiert) als Werkswagen einzusetzen, war man nun schon in zwei Rennserien verankert – im Tourenwagensport mit dem mittlerweile auf 2,5 Liter Hubraum vergrößerten 190 E 2.5-16 und bei der Markenweltmeisterschaft mit den bis zu 730 PS starken Gruppe-C-Boliden. Und hier gewannen die Stuttgarter ebenfalls relativ rasch den Titel, wobei sich unter den Fahrern ein gewisser Michael Schumacher befand, der später in der Formel 1 in Windeseile Furore machen sollte.
Über das sportliche Engagement hatte man bei Mercedes-Benz aber natürlich nicht die Wünsche der Käuferinnen und Käufer vergessen – und so fieberte alles der Präsentation des neuen **SL** entgegen, die im März des Jahres 1989 in Genf stattfinden sollte.

Als die Hüllen im Palais d'Expo schließlich fielen, waren sich alle Betrachter einig, dass dieses elegante Geschöpf wohl kaum Probleme haben würde, die Verkaufszahlen eines Vorgängers zu überbieten – dabei waren von dem »alten« SL immerhin 300.175 Exemplare montiert worden.

Auch in Rom geschätzt: die C-Klasse.

S MN 2920

Der neue SL überzeugte nicht nur durch seine blendende Ästhetik, sondern auch durch seine Solidität, seine Technik (wo sonst ließ sich zu dieser Zeit das Dach mit einem Knopfdruck vollautomatisch öffnen und schließen?), seine Sicherheit und seine perfekte Alltagstauglichkeit. Standen anfänglich nur zwei 3-Liter-Sechszylinder (mit Zweiventiltechnik und 190 PS zum Preis von 92.500 Mark und mit Vierventiltechnik und 231 PS für 102.200 Mark) und der 500 SL mit dem 326 PS starken Achtzylinder für 125.400 Mark zur Verfügung, so kam im Sommer 1992 zusätzlich noch der 394 PS leistende **600 SL** ins Angebot, für den 217.000 Mark bezahlt werden mussten. Der 600 SL bot dafür aber den neu entwickelten Zwölfzylinder, mit dem die Stuttgarter ein Jahr zuvor im März auf dem Genfer Automobilsalon das Topmodell der neuen S-Klasse ausstatteten.

So wie die SL-Liebhaber dem neuen Roadster entgegengefiebert hatten, so warteten natürlich auch die S-Klasse-Besitzer auf ihre »neue« S-Klasse, die einmal mehr in Genf im März 1991 Premiere feierte. Das unter der Typbezeichnung **W 140** präsentierte neue Spitzenmodell hatte – wie eigentlich alle Mercedes-Baureihen – ebenfalls gegen einen übermächtigen Vorläufer anzutreten, denn von dem W 128 waren im Laufe der vergangenen zwölf Jahre nicht weniger als 818.063 Exemplare ausgeliefert worden.

Wieder einmal hatten sich die Techniker übertroffen: Der neue W 140 glänzte mit einer Vielzahl innovativer Entwicklungen – nie zuvor hatte es ein derartig geballtes Maß an Technik in einem Fahrzeug gegeben. Und vor allem: Mit dem völlig neu entwickelten 6-Liter-Zwölfzylinder konnten die Stuttgarter nun auch mit dem Zwölfzylinder eines Herstellers von der Isar gleichziehen. Der **600 SEL** mutierte dann auch ziemlich rasch zum neuen Prestigegefährt aller Industriellen, Politiker und Prominenten, die die »Perfektion des Fahrens« suchten – so zumindest die »Motor-Revue« in ihrer Jahresausgabe 1992. Weiter konnte man da lesen: »Der Beste sollte er werden. Technisch stellt das Mercedes-Flaggschiff alle anderen Konkurrenten in den Schatten. Der 6 Liter große Zwölfzylinder ist einer der technisch aufwendigsten der Welt; im Karosserie- und Fahrwerksbereich ersannen die Mercedes-Techniker zahlreiche neue Lösungen, die den Fahrkomfort des 600 SEL auf ein bisher unerreichtes Niveau heben.«

Bekannt für Raumangebot und Solidität: die Kombis der E-Klasse, die bei den Stuttgartern als »T-Modelle« im Angebot sind. (Gegenüberliegende Seite)

Es gab aber auch – und das war der neue Zeitgeist, der zu Understatement und Bescheidenheit mahnte – ein paar kritische Anmerkungen. Nochmals die »Motor-Revue«: »Mercedes-Chefdesigner Bruno Sacco hat mit der neuen S-Klasse ein Auto geschaffen, dessen massiger Auftritt zumindest gewöhnungsbedürftig ist. Die dezente Präsentation des Reichtums beherrscht sie nicht. Klar, es fehlt an nichts, was automobilen Luxus ausmacht – mit der geballten

Die derzeit vorletzte SL-Klasse – einer der schönsten und erfolgreichsten Roadster der Welt, der mit Motoren zwischen sechs und zwölf Zylindern angeboten wurde.

Wucht der Technik in Form von Doppelverglasung und Türschließautomatik stellt der 600 SEL seine Konkurrenz klar in den Schatten. Aber die Nüchternheit eines Mercedes-Taxis vermag nicht einmal dieses Spitzenmodell abzustreifen, da hilft auch reichlich verstreutes Wurzelholz nichts.«

Aber trotz dieser kritischen Stimmen, denen die neue S-Klasse nicht in eine Zeit zu passen schien, in der alle Welt plötzlich auf abgestorbene Bäume zu blicken glaubte, verkaufte sich der W 140 auf Anhieb deutlich besser als sein Vorgänger. Natürlich trug dazu der prestigeträchtige Sechshunderter am wenigsten bei. Von ihm träumten die Kunden, um sich dann einen **300 SE**

(Sechszylinder mit 231 PS), einen **400 SE** (Achtzylinder mit 279 PS), den **500 SE** (Achtzylinder mit 320 PS) – gerne auch in der etwa 3.500 Mark teureren Langversion – zu kaufen. Wer allerdings das Topmodell mit seinen 394 PS erwerben wollte, hatte für den **600 SE** 194.200 Mark und für den 600 SEL 198.360 Mark auszugeben.

Zusammen mit dem Zwölfzylinder gab es aber noch eine weitere Premiere in der S-Klasse: Mit dem **300 SD** kam erstmals ein Turbo-Dieseltriebwerk in der Topklasse weltweit ins Angebot. Eine entsprechende Variante hatte es bis dato nur für den amerikanischen Markt in Form des **300 SD** und **300 SDL** gegeben, der mit seinen niedrigen Verbrauchswerten zusammen mit der C-Klasse dazu beitrug, dass die Stuttgarter den Flottenverbrauch in den Griff bekommen hatten. Und im Herbst 1992 erblickte auf dem Pariser Automobilsalon dann noch der **300 SE 2.8** das Licht der Welt – dieses Einstiegsmodell konnte mit seinem DIN-Verbrauchswert von 11,7 Litern (Werksangabe) nicht nur die Wogen etwas glätten, sondern bot zum Preis von 81.938 Mark auch einen günstigen Einstieg in die neue S-Klasse. Mittlerweile hat sich die Aufregung über den W 140 jedoch gelegt, und es zeichnet sich deutlich ab, dass auch diese S-Klasse, die im Herbst 1998 ihren Nachfolger bekommt, die Verkaufserfolge ihrer Vorgängermodelle bei weitem übertreffen wird. Natürlich war es klar, dass die Designmannschaft rund um Bruno Sacco parallel zur Entwicklung an der neuen S-Klasse auch an ein neues großes Coupé gedacht hatte, das schließlich im Januar 1992 auf der Detroit Motorshow das noch immer attraktive C 126 Coupé, von dem nicht weniger als 74.060 Exemplare produziert wurden, ablösen sollte.

In einer Gesellschaft, die immer mehr Raum für ihre Berufs- und Freizeitutensilien benötigt, bietet ein T-Modell den nötigen Raum.

Die kleine Antenne auf dem Kofferraumdeckel zeigt, dass diese S-Klasse über ein Satelliten-Navigationssystem verfügt.

Von Frühjahr 1992 an stand also der **C 126** bei den Händlern – anfänglich als **500 SEC** und als **600 SEC** –, und im März 1994 war dann in Genf noch der **420 SEC** zu sehen, der die SEC-Palette nach unten hin ergänzen sollte. Im Herbst 1995 wurden in der S-Klasse und dem SEC-Coupé serienmäßig eine neu entwickelte Fünfgang-Automatik eingeführt.

S MN 2924

Mit der C-Klasse schaffte es Mercedes-Benz, eine jüngere und völlig neue Käuferklientel zu gewinnen.

Der Bestseller im Mercedes-Benz-Programm: Die neue C-Klasse verkaufte sich auf Anhieb blendend. (Vorhergehende Doppelseite)

Das gegenüber der Limousine um 48 Millimeter kürzere SEC-Coupé bot mit seiner – an den SL angelehnten – Frontpartie auf Anhieb ein eigenes Erscheinungsbild, das die Käufer zu würdigen wussten. Mit Preisen, die beim 600 SEC weit über der 220.000-Mark-Grenze liegen, kann dieses Topmodell natürlich niemals auf riesige Stückzahlen kommen. Andererseits sind es aber gerade diese Spitzenerzeugnisse, die mit ihrem geballten Maß an Technik den Imagetransfer zu den anderen Modellreihen leisten, der für einen stetig lukrativen Geschäftsgang sorgt.

So viel Liebe die Mercedes-Designer und -Techniker auch in die Gestaltung und Produktion der neuen Topklasse investiert hatten, so viel Zeit und Kreativität mussten sie natürlich auch für die Entwicklung neuer und für die Überarbeitung der bestehenden Modellreihen aufbringen. Was zu Beginn der 90er Jahre nur die Eingeweihten der Strategiekommissionen wussten, war die Tatsache, dass sich der Vorstand dazu entschlossen hatte, die Produktpalette des Hauses auf eine wesentlich breitere Plattform zu stellen.

Jürgen Hubbert, der für den Geschäftsbereich Pkw zuständige Vorstand sollte Ende 1996 – bei einer ersten Präsentation der A-Klasse – die Beweggründe folgendermaßen schildern: »Mit der C-, der E- und der S-Klasse bewegte sich das Unternehmen Anfang der 1990er-Jahre in einem zwar ertragreichen, aber dennoch relativ kleinen Marktbereich, der nur rund 3 Millionen Fahrzeuge umfaßte. Bei einer weltweit jährlichen Produktion von rund 30 Millionen Fahrzeugen konnten wir also mit unserem Angebot nur rund zehn Prozent der Kunden ansprechen. Diese zehn Prozent waren natürlich auch von vielen anderen Herstellern ins Visier genommen worden. Wir hatten also die Entscheidung zu treffen, uns in andere Marktbereiche auszudehnen, deshalb wurde mit der Entwicklung eines Mittelklassewagens im Golf-Segment (der A-Klasse), eines Vans (dem Viano), eines Freizeit-Geländewagens (der M-Klasse) und des SLK als jugendlich-sportlichem Roadster begonnen. Und dazu kam dann noch der smart als reiner Stadtwagen. Mit diesen neuen Baureihen erschlossen wir uns neue Marktbereiche, die etwa 30 Prozent des Marktes umfassen – und damit konnte Mercedes-Benz sein Käuferpotential verdreifachen.«

Bis die neuen Baureihen auf den Markt kommen sollten, vergingen allerdings ein paar Jahre, in denen sich die Stuttgarter auch noch um die Pflege der bestehenden Modelle zu kümmern hatten – ein wahrlich ehrgeiziges Programm, das im April 1993 mit der Vorstellung der neuen **C-Klasse** startete.

Dass es einen Markt für die C-Klasse gab, hatten die knapp 1,9 Millionen verkauften Exemplare bewiesen, und da die C-Klasse nicht nur optisch, sondern auch von der technischen Seite her neue Maßstäbe setzte, durften die Verkäufer relativ rasch volle Auftragsbücher nach Stuttgart melden. Die Modellpalette begann mit dem 122 PS starken **C 180**, und setzte sich über den **C 200** (136 PS) und den **C 220** (150 PS) bis hin zum 193 PS leistenden **C 280** fort. Für die Freunde des Dieselmotors gab es den **C 200 D** (75 PS), den **C 220 D** (95 PS) sowie den **C 250 D** mit 113 PS und beachtlichen 190 km/h Höchstgeschwindigkeit.

Natürlich hatte man auch noch den großen Erfolg des betont sportlichen 190 E 2.5-16 in Erinnerung, und so wundert es nicht weiter, dass die (mittlerweile zu Mercedes gehörende) PS-Schmiede AMG für den **C 36 AMG** verantwortlich zeichnete – eine 280 PS starke »Wolf im Schafspelz«-Version des neuen Wagens, der ein 3,6-Liter-Sechszylinder zu den zugelassenen 250 km/h verhalf und in 6,9 Sekunden von Null auf 100 km/h beschleunigte. Der Preis für diesen Understatement-Express: knapp 100.000 Mark.

Im Herbst 1995 sollte es aber noch eine weitere sportliche Überraschung geben: Zum ersten Mal seit den Zeiten der Silberpfeile der Vorkriegszeit war unter einer Motorhaube wieder ein Kompressor zu finden. Der **C 230 Kompressor** leistete 193 PS und bescherte seinen Besitzern 230 km/h Höchstgeschwindigkeit. Dass dieser bemerkenswert elastische Vierzylinder nur ein Jahr später die Topmotorisierung des **SLK 230** bilden sollte, ahnten zum damaligen Zeitpunkt allerdings nur ein paar wenige Insider.

Wie ernst es dem Vorstand mit einer Diversifizierung der Modellreihen war, wurde dann im Winter 1996 einmal mehr unter Beweis gestellt, als die

THEATRE·ROYA
DJW
S ML 875

LONDON UNITED
Oxford Circus
Queensway Notting Hill
Shepherds Bush
94
ACTON GREEN
Bus stand
London Transport Bus Service
mcw
B106 WUL

Das Top-Modell der E-Klasse: Die AMG-Version leistete 354 PS – und bot die Fahrleistungen eines reinrassigen Sportwagens.

Ein völlig neues Marktsegment sollte die A-Klasse besetzen. Der nur 3,50 Meter lange Viersitzer verband die Sicherheit eines »großen« Mercedes mit der Raumökonomie eines Kleinwagens. (Vorhergehende Doppelseite)

C-Klasse auch als **T-Modell** – oder Kombi – vorgestellt wurde. Und auch bei dieser Baureihe war dem Designteam unter der Leitung von Bruno Sacco wieder ein außergewöhnlich schönes Gefährt gelungen.

Im Frühjahr 1995 hatte sich dann auch noch eine neue **E-Klasse** zu präsentieren. Einmal mehr hatte man dazu den Genfer Automobilsalon ausgewählt, auf dem der **W 210** (so die interne Typ-Bezeichnung) auf Anhieb gefiel. Nur die beiden ovalen Frontscheinwerfer wurden anfänglich misstrauisch beäugt, doch auch sie konnten sich relativ rasch als neues Erkennungsmerkmal durchsetzen. Die Angebotspalette reichte bei den Ottomotoren von den 2- und 2,3-Liter-Vierzylindern mit 136 PS und 150 PS über die Reihen-Sechszylinder mit 2,8 Liter Hubraum (193 PS) und 3,2 Liter (220 PS) bis hin zu den Achtzylindern, die im **E 420** (279 PS) und im 347 PS starken **E 50** zum Einsatz kamen. Dass der **E 50,** der – als legitimer Nachfolger des E 500 – natürlich bei AMG entwickelt wurde, sich rasch zu einem Lieblingswagen einer Leistungselite entwickeln würde, war klar: Mit einer Beschleunigung von Null auf 100 km/h in 6,2 Sekunden und einem Schub, der sich bis 250 km/h turbinenartig fortsetzt, wurde der E 50-Fahrer wohl nur sellten überholt. Und dennoch wurde auf der IAA 1997 eine weitere Steigerungsform vorgestellt: der **E 55 AMG**, unter dessen Motorhaube ein auf 5.439 ccm vergrößerter Achtzylinder mit nunmehr 260 kW oder 354 PS arbeitete. Mit diesen Pferdestärken erreichte das neue AMG-Flaggschiff bereits nach 5,9 Sekunden die 100-km/h-Grenze, während der Höchstgeschwindigkeit – wie immer bei Mercedes-Benz – bei 250 km/h Einhalt geboten wurde.

Ihm zur Seite kam auch eine neue Variante des »kleinen« AMG: der **C 43 AMG**. Bei diesem Modell sorgte erstmals in der Geschichte der kleinen C-Klasse ein Achtzylinder für den Vortrieb. Damit genügend Temperament vorhanden war, wurde ein 4,3-Liter-Motor gewählt, der 225 kW oder 306 PS zur Verfügung stellte. Dieser Motor war wahlweise in der Limousine und im T-Modell (also dem Kombi) zu erwerben – womit dieses Modell zu einem der schnellsten Kombis seiner Tage mutierte. Für den Spurt von Null auf 100 km/h benötigte die Limousine 6,5 Sekunden, während für die T-Variante 0,2 Sekunden mehr angegeben wurden.

Natürlich verfügten diese beiden Varianten über Sportfahrwerke mit beachtlichen Reifenbreiten – damit die Leistung auch problemlos auf die Straße umgesetzt werden konnten. Auf der Pressekonferenz lautete die Botschaft diesbezüglich so: »Aus all diesen Maßnahmen resultiert ein Höchstmaß an sportlichem Fahrverhalten ohne nennenswerte Komforteinbußen. Zumal auch zu der Serienausstattung das Fahrsicherheitssystem ›Electronic Stability Program‹ (ESP) gehört, das den Wagen in kritischen Situationen durch blitzschnelle, automatische Bremseingriffe stabilisiert und das Schleuderrisiko bei Kurvenfahrt verringert.«

Überall geschätzt: Der SLK überraschte 1996 die Öffentlichkeit, die den Stuttgartern den kleinen, handlichen Roadster aus der Hand riss. Lieferfristen von drei, vier Jahren hatte es bei Mercedes-Benz schon lange nicht mehr gegeben.

Die Stuttgarter ließen es sich nicht nehmen, im Frühjahr 1996 der E-Klasse auch noch eine elegante Kombi-Variante zur Seite zu stellen, die neben ihrer Eleganz auch noch einen riesigen Kofferraum bot – kein Wunder, dass auch dieses »große« **T-Modell** auf Anhieb seine Käufer fand.

Das Jahr 1996 stand aber bei Mercedes-Benz eindeutig im Zeichen des

Klein, wendig und intelligent konstruiert – die A-Klasse konnte sich trotz anfänglicher Diskussionen um die Fahrwerkauslegung doch am Markt durchsetzen.

SLK, der die Kundschaft – wie zu längst vergangen geglaubten Zeiten – in die Verkaufsräume trieb, wo sie letztendlich dreijährige Lieferzeiten zu akzeptieren hatte.
Der SLK war der Untertürkheimer Beitrag zur plötzlich hereingebrochenen Roadster-Euphorie, die bei den europäischen Herstellern einen wahren Verkaufsrausch verursachte – er sollte sich aber als der große Renner entpuppen. Daran waren mehrere Faktoren beteiligt: die witzige, elegante Form, die auf knapp vier Meter Länge alle Insignien der langen Designtradition in sich trug; der 2,3-Liter-Kompressormotor, dessen 193 PS dem Leichtgewicht zu wahrhaft sportlichen Fahrleistungen verhalf – und natürlich die raffinierte Verdeckkonstruktion, bei der sich das aus Blech gefertigte Dach mit einem Knopfdruck unter dem Kofferraumdeckel versenken ließ. Wer nicht ganz so viel Leistung zum Fahren unter freier Sonne erwerben wollte, konnte auch zum **SLK 200** greifen, dessen 2-Liter-Motor über 100 kW oder 136 PS verfügt – was auf den meisten Straßen dieser Erde noch immer ausreicht, um wegen Geschwindigkeitsüberschreitung ein Strafmandat einzufangen.

Das Jahr 1996 sollte noch mehr Höhepunkte liefern: Im April dieses Jahres bekam das Publikum zum ersten Mal die neue **M-Klasse** zu sehen. Das im amerikanischen Werk Tuscaloosa im Bundesstaat Alabama gefertigte Geländefahrzeug ging im Herbst 1997 in Serienproduktion, wobei die Verantwortlichen von einer Jahresproduktion von etwa 65.000 Exemplaren ausgehen. Mit seinen weichen und runden Formen unterscheidet sich die M-Klasse aber nicht nur optisch deutlich von den G-Modellen – dessen rarste und teuerste Ausführung damals der **500 GE** war, von dem nur 1.000 Exemplare gefertigt wurden –, die M-Klasse ist auch bewusst als geländegängiges Freizeitfahrzeug angelegt und agiert damit in einem immer größer werdenden Marktsegment.
Besonders die Amerikaner lieben diese »All Activity Vehicles«, und man war bei Mercedes-Benz natürlich auch entsprechend stolz, als am 27. Juni 1996

bekannt gegeben wurde, dass Steven Spielberg die M-Klasse als Gefährt der Helden des Films »The Lost World«, dem zweiten Teil des legendären Dinosaurier-Epos »Jurassic Park«, gewählt hatte. Mit der Promotion, die »The Lost World« begleitete, wussten so gegen Ende 1997 Millionen von Menschen, dass Mercedes-Benz nun auch über eine M-Klasse verfügt.

Mit Modellen im Maßstab 1:4 tasteten sich die Designer langsam an die endgültige Form heran – hier eine Vorstudie zum SLK.

In diesem Sommer begann Mercedes auch mit der Auslieferung des **»Viano«,** der den Van für den Mercedes-Benz-Fahrer darstellt – ein siebensitziges Familien- oder Vertreter-gefährt, das den Ansprüchen des schwergewichtigen Königs von Tonga allerdings nicht genügen konnte. »Geräumig und kühl« sollte das Gefährt der königlichen Hoheit sein. Daher entschied sich Taufa'ahau Tupou IV. für einen Transporter der Baureihe »Sprinter«, der mit 4,38 Meter Länge und 1,85 Meter Höhe ausreichend Platz für einen königlichen Stuhl bot, der (um alle Achsen elektrisch verstellbar) dem Herrscher auch die Möglichkeit gibt, sich den beiden hinter ihm angeordneten Sesseln zuzuwenden.
Für die im tropischen Inselparadies gewünschte Kühle sorgte nicht nur eine Tropenisolierung mit grün getönter Doppelverglasung, sondern auch eine extra starke Klimaanlage.

Last, but not least, wurde dann im Dezember 1996 auch noch die neue **A-Klasse**, die seit dem September 1997 bei den Händlern stand, zum ersten Mal präsentiert. Mit diesem Fahrzeug der Golf-Klasse – das als A 140 und als A 160 seine Käufer suchte – hatte Mercedes-Benz ein völlig neues Stück Technologie geschaffen, bei dem Fahrer und Beifahrer relativ hoch sitzen, während die Technik teilweise schräg vorne (Motor und Getriebe) oder unter den Insassen platziert ist. So konnten auf kleinstem Raum nicht nur vier Personen untergebracht, sondern konnte auch eine der wesentlich größeren E-Klasse adäquate Sicherheitszone geschaffen werden.

Raum im Überfluß, verbunden mit Qualität und Eleganz – die T-Modelle der E-Klasse.

Begleitet wurde der Auftritt der A-Klasse von einer interessanten Werbekampagne, die bereits 18 Monate vor dem Verkaufsstart alle Interessenten darauf aufmerksam machte, dass es sich lohnen könnte, auf das neueste Produkt aus Untertürkheim zu warten. Und in der Tat war die A-Klasse nur wenige Tage nach dem Verkaufsstart im Sommer 1997 bereits auf viele Monate hin ausverkauft, obwohl die Preise mit 30.360 Mark für den 60 kW

(82 PS) starken A 140 und 32.430 Mark für den 75 kW oder 102 PS leistenden A 160 allen Interessenten klar machten, dass auf diesem ungewöhnlichen Fahrzeug ein Stern auf der Motorhaube sitzt. Der erst für den Sommer 1998 angekündigte A 170 Turbodiesel stand sogar mit 34.385 Mark in der ersten Preisliste – dafür stellte dieser Selbstzünder aber 66 kW oder 90 PS zur Verfügung, die bei vernünftigem Einsatz auch nur etwa 4 Liter Treibstoff auf 100 Kilometern benötigten.
Dass die ungewöhnliche Konstruktion der A-Klasse dann aber mit dem missglückten »Elch-Test« in nie erwartete Schwierigkeiten geriet, führte zu einem dreimonatigen Produktionsstopp. Die von März 1998 an ausgelieferten Modelle verfügten über eine neu konzipierte Hinterachse und ein Elektronisches Stabilitätsprogramm (EPS), mit dessen Hilfe die A-Klasse – parallel zu der hervorragenden Crash-Sicherheit – auch über ein adäquates Fahrwerk verfügte.

Wie sehr sich das schwäbische Unternehmen in den vergangenen Jahren verändert hatte, ließ sich auch daran ablesen, dass die Modelloffensive Jahr für Jahr neue Fahrzeuge in die Verkaufsräume schaufelte. So bot das Jahr 1997 mit der Präsentation des neuen CLK-Coupés und des smart-Kleinwagens zwei außergewöhnliche Novitäten, die ebenfalls ihren Teil zu den prall gefüllten Auftragsbüchern beitrugen. Der CLK überzeugte durch seine dezente Eleganz und das beachtliche Temperament, über das bereits der **CLK 200** als Basismotorisierung verfügt – hier sorgen 100 kW oder 136 PS für mehr als 200 km/h. Noch schneller war der **CLK 230 Kompressor** mit 142 kW (193 PS) Leistung, während das 240 km/h schnelle Spitzenmodell **CLK 320** als erstes Modell mit dem neuen 160 kW (218 PS) starken V6-Motor ausgestattet war, der langfristig die älteren Reihen-Sechszylinder ablösen sollte.

Die Amerikaner liebten ihn auf Anhieb: Die neue M-Klasse war ein großer Erfolg.

Mercedes-Benz definierte die neue Baureihe selbst als »sportlich-elegant für junge und junggebliebene Menschen, die Spaß am Auto und Spaß am Autofahren haben. Dynamik, Sportlichkeit und Progressivität sind ebenso unverwechselbare Merkmale des CLK wie Eleganz, Komfort und technische Perfektion.«

Eine der absoluten Sensationen der Internationalen Automobilausstellung in Frankfurt 1997 war der **»smart«** – jener Stadtwagen, den der Schweizer Swatch-Erfinder Nicolas Hajek zusammen mit Mercedes-Benz zur

Das Auto als Filmstar: Mit diesem G-Modell bewegten sich die Helden des Films »The Lost World« von Steven Spielberg zwischen den Sauriern.

Serienreife gebracht hat. Für die Entwicklung dieses nur 2,50 Meter kurzen Zweisitzers hatten die beiden Partner eine gemeinsame Firma mit dem Namen Micro Compact Car (MCC) gegründet, die in Renningen (einem Vorort von Stuttgart) ihren ersten Sitz hatte. In einer ersten Pressemitteilung lobten die Erbauer die wegweisenden Innovationen, die das neue Fahrzeug in den Bereichen Insassenschutz, Antriebstechnik und Design verspricht – und sie kündigten gleichzeitig an, dass der smart, der im Juli 1998 in Serie ging, zu Preisen zwischen 16.000 und 20.000 Mark verkauft werden sollte.

Für den Vortrieb sorgte in der ersten Version ein Dreizylinder-Benzinmotor mit Turbolader und 600 ccm Hubraum und 40 kW oder 55 PS Leistung, der einschließlich Getriebe und Achsantrieb direkt an der Hinterachse als Unterflureinheit montiert war. Das Sechsganggetriebe »Softip« verfügte – um die Fahrten in der Stadt noch komfortabler werden zu lassen – über ein automatisiertes Kupplungs- und Schaltmanagement. Und da gerade bei Kleinwagen der Sicherheitsaspekt eine besonders große Rolle spielt, hatte der smart eine hochfeste »Tridion«-Sicherheitszelle mit umlaufender

smart
BB MC 368

Der eco-speedster wurde erstmals im März 1994 gezeigt, und er darf als der legitime Vorgänger des smart angesehen werden.

Mit dem smart baut Mercedes-Benz eines der ersten konsequenten Stadt-Autos. Für den Vortrieb des 2,50 m langen Zweisitzers sorgt ein 600 ccm großer Dreizylinder-Turbomotor mit 55 PS (40 kW) Leistung. (Vorhergehende Doppelseite)

Rahmenstruktur mit auf den Weg bekommen, mit der die funktionellen Stärken des Designs besonders gut herausgearbeitet wurden. Jedenfalls waren sich die Projektverantwortlichen bei der ersten Pressekonferenz im Klaren, dass »der smart mit seinen Knautschzonen vorne und hinten, seiner Sicherheitszelle, seiner Sandwichbauweise, seinen Doppel-Fullsize-Airbags, Sidebags sowie den sich selbst straffenden Sicherheitsgurten in der Kleinwagenklasse neue Maßstäbe setzen wird.«

Wer es noch ungewöhnlicher haben wollte, durfte sich auf der IAA in Frankfurt eine Studie mit dem Namen **F 300 »Life-Jet«** betrachten, bei der die beiden Insassen – wie einst im Messerschmid-Kabinenroller – hintereinander sitzen. Die besondere Raffinesse dieses – einem Flugzeug-Cockpit nicht unähnlichen – Gefährts liegt jedoch in der Neigungstechnik: Sensoren, Elektronik und Hydraulik ermöglichen es, dass Aufbau und beide Vorderräder bei der Kurvenfahrt bis zu 30 Grad Schräglage einnehmen. So kann sich der Life-Jet in die Kurve hineinlegen und den Insassen das Gefühl vermitteln, Motorrad zu fahren. Diese so genannte Wanksteuerung berechnet mit der Hilfe eines aufwändigen elektronischen Systems den Neigungswinkel in Abhängigkeit von Geschwindigkeit, Beschleunigung, Lenkeinschlag und Gierverhalten, sodass die Räder- und Karosserieneigung stets der Fahrsituation entspricht.

Für den Vortrieb sorgt ein 1,6-Liter-Vierzylinder aus dem A 160, der vor der Hinterachse montiert ist und seine 75 kW oder 102 PS an das Hinterrad abgibt. Natürlich haben die 102 Pferdestärken mit dem nur etwa 800 Kilogramm schweren Gefährt kein sehr großes Problem – und so pendelt sich die Höchstgeschwindigkeit bei mehr als 210 km/h ein, während für den Spurt zur 100-km/h-Marke etwa sieben Sekunden vergehen. In Frankfurt bildeten sich sofort Menschentrauben um diese spektakuläre Studie. Ob der Life-Jet aber jemals in Serie gehen wird, scheint noch mehr als fraglich. Man wolle erst einmal die Publikumsakzeptanz testen, bevor man an eine eventuelle Produktion denke, meinte ein Firmensprecher – dass der Wagen jedoch innerhalb zwei bis drei Jahren in Serie gehen könne, war allen Betrachtern klar.

Er kam, sah und holte den WM-Titel: Mercedes-Benz nahm 1997 mit dem CLK-GTR an den Rennen zur FIA-GT-Meisterschaft teil.

Da das Reglement für die Beteiligung an den GT-Rennen auch eine Straßenversion des Rennwagens vorschrieb, wurde von AMG dieser CLK-GTR entwickelt, der für 1,5 Millionen Mark an die Sammler außergewöhnlicher Fahrzeuge verkauft wurde.

Im April 1997 überraschte die Marke mit dem Stern einmal mehr die Öffentlichkeit: Um an der FIA-GT-Meisterschaft teilnehmen zu können, präsentierte man im Frühjahr 1997 einen reinrassigen Rennwagen, den **CLK-GTR.** Unter der – entfernt einem CLK-Coupé nachempfundenen – Karosserie arbeitete ein Zwölfzylinder-Rennmotor, der den Stuttgartern bereits beim ersten Rennen auf dem Hockenheimring eine Pole-Position bescherte.

Der Bau und Einsatz dieser Rennwagen sollte sich lohnen, denn am Ende des Jahres 1997 konnten die Stuttgarter mit Bernd Schneider am Steuer den Gewinn dieser Rennserie vermelden, die in den Jahren zuvor von dem McLaren F1 mit dem BMW-Zwölfzylinder dominiert worden war.
Da das FIA-Reglement bei diesen Fahrzeugen auch den Bau einer Straßenversion zwingend vorschreibt, entwickelte AMG einen 1,5 Millionen Mark teuren CLK-GTR-Wagen, von dem nur 25 Exemplare entstehen sollten, die sofort in den klimatisierten Garagen reicher Sammler verschwanden.

1997 lief aber auch die Ehe zwischen McLaren und Mercedes-Benz immer besser – nach einem ersten Sieg des Schotten David Coulthard beim »Großen Preis von Australien« im März konnte derselbe Pilot im September 1997 seinen zweiten Grand-Prix-Sieg beim »Großen Preis von Italien« in Monza vermelden. Und beim Saisonabschluss beim »Großen Preis von Spanien« in Jerez konnte sogar der erste Doppelsieg von Häkkinen und Coulthard gefeiert werden. Nach diesem Abschluss bezweifelte niemand in der Formel-1-Szene, dass die Motoren der neuen Silberpfeile – die von der Saison 1997 an auch silbern lackiert waren – zu den stärksten und sparsamsten im Grand-Prix-Zirkel gehören.

Während die Silberpfeile in Andalusien demonstrierten, dass sie wieder zur Spitzenklasse gehören, überraschte das Werk die breite Öffentlichkeit auf der Tokyo Motor Show mit der **»Maybach«-Studie**. Mit dieser 5,77 m langen Limousine der absoluten Spitzenklasse wollen die Stuttgarter der Welt nach Modellen wie dem »770K Großer Mercedes« oder dem »600« einmal mehr beweisen, dass sie in der Lage sind, das Top-End des Automobilbaus zu besetzen. Nachdem der Maybach dann im Jahr 2003 in Serie gegangen war,

Auf der Basis der A-Klasse präsentierte Mercedes-Benz im Herbst 1997 eine Variante mit Brennstoffzellen, die Methanol als Basistreibstoff benutzt.

konnten auch die Reichen dieser Erde ein neues Spielzeug mit zwölf Zylindern, drei Telefonanlagen, Liegesitzen und einer Bar für kalte Getränke erwerben. Wobei diese Details nur einen verschwindend kleinen Teil der Ausstattungsliste darstellen, über die das Luxusgefährt verfügen könnte.

War Mercedes-Benz zum einhundertjährigen Jubiläum 1986 noch eine stark auf große Limousinen ausgerichtete Firma, so verwandelten sich die Schwaben in den Jahren bis zur Jahrtausendwende in ein neues Unternehmen, das sogar den Mut besaß, mit dem smart und seinen später folgenden Derivaten andere Wege als alle Konkurrenten zu begehen. Und so sollte sich auch die Modellpalette in den nächsten Jahren von den smart-Modellen bis hin zum Maybach, vom kleinen A-Klasse Dieselmodell bis hin zum S 600 und dessen Coupé-Varianten, vom enorm erfolgreichen SLK bis hin zum S 55 AMG und vom Viano bis hin zu den Geländefahrzeugen der M- und der G-Klasse erstrecken.

Damals nur eine Studie – aber vielleicht wird aus dem Life-Jet F 300 ja eines Tages ein Fun-Car der besonderen Sorte.

Da macht Reisen Spaß: Die Bar des »Mercedes-Benz Maybach« liefert den Insassen kalte und warme Getränke.

Wie es euch gefällt

Neue Kunden verlangen auch nach neuen Produkten – und Mercedes-Benz startet eine Produktoffensive

Natürlich verfügen die Lenker einer über mehr als 100 Jahre gewachsenen Traditionsmarke wie Mercedes-Benz über sensible Sensoren, die sehr präzise wahrnahmen, dass die Marke gegen Mitte und Ende der 1980er-Jahre des vergangenen Jahrtausends dabei war, etwas von seiner Dynamik und von seiner Vorbildfunktion zu verlieren. Einer derjenigen, die dem Hause in jenen Jahren einen neuen Schliff – und zweifellos auch neues Selbstvertrauen – verpassten, war **Professor Jürgen Hubbert**, der von 1989 an als Vorstandsvorsitzender für den Geschäftsbereich Personen-wagen der Mercedes-Benz AG verantwortlich zeichnete.

Hubbert war – zusammen mit seinen Kollegen – derjenige, der von 1996 an Modelle wie die M-Klasse oder den SLK forderte und förderte. Er hatte auch die A-Klasse trotz ihrer Anlaufprobleme auf die Siegesstraße geführt und ein Jahr später mit dem smart ein Kleinwagen-Konzept an den Start gebracht, das zwar zuerst belächelt wurde – sich aber im Laufe der nächsten Jahre in seinen diversen Mutationen ebenfalls hervorragend entwickeln sollte. Und als im Oktober 1997 dann auf dem Autosalon in Tokyo die Maybach-Studie präsentiert wurde, war endgültig klar, dass Mercedes-Benz wieder zu seiner alten Stärke zurückgefunden hatte – nun war man in Stuttgart auch bereit, das oberste Topsegment zu besetzen.

Mit der Maybach-Studie demonstrierte Mercedes-Benz im Oktober 1997 seine Bereitschaft, in der Zukunft auch in der Top-Klasse des Automobilbaus Zeichen setzen zu wollen. (Vorhergehende Doppelseite)

Eine Entwicklung, die aber auch – und das wird mittlerweile gerne vergessen – von einem Wirtschaftsboom vorangetrieben wurde, der sich in schwindelerregenden Aktienkursen manifestierte und bis zur Jahrtausendwende für ein euphorisches Kaufklima sorgte. Und diese Stimmung trug auch ihren Teil dazu bei, dass sich der Käufermarkt mit einer Aufsplittung in immer mehr Nischenmodelle dramatisch zu verändern begann – und die Autofirmen diesem Wunsch entsprechend immer mehr Baureihen und Modellvariationen zu den Händlern brachten. Eine Entwicklung, der sich natürlich auch Mercedes-Benz weder entziehen mochte noch konnte – und so wundert es auch nicht weiter, dass die Stuttgarter in den darauf folgenden Jahren in immer kürzeren Zyklen neue Fahrzeuge präsentierten.

Das viersitzige CLK-Cabriolet – hier als CLK 430 mit Achtzylindermotor – brachte Sonnenschein für die ganze Familie.

Während der **E 430** und der **E 55 AMG** als die Top-Varianten der E-Klasse mit ihren 205 kW (279 PS) bzw. 260 kW (354 PS) das ereignisreiche Jahr 1997 beendeten, demonstrierte das CLK Cabriolet im März 1998 auf dem Autosalon in Genf, dass man in Stuttgart auch viersitzige Cabriolets zu bauen verstand. Hier reichte die Angebotspalette vom **CLK 200** mit 100 kW oder 136 PS bis hin zum **CLK 430**, dessen Achtzylindermotor mit seinen 205 kW (279 PS) gleichermaßen für Temperament und Komfort sorgte – und das Cabrio in immerhin 6,3 Sekunden auf Tempo 100 beschleunigte.

1998 war auch das Jahr, in dem der SL neue V6- und V8-Triebwerke verpasst bekam, die dem immerhin bereits 1989 präsentierten Klassiker zu neuem Temperament verhalfen: Nun begann die Modellpalette mit dem **SL 280**, dessen V6-Motor mit 18 Ventilen (also Dreiventiltechnik) 150 kW oder 204 PS bereitstellte, darüber etablierte sich der **SL 320** mit 165 kW (224 PS) Leistung, während der **SL 500** mit 225 kW (306 PS) an den Start ging. Über diesem Trio schwebte weiterhin der im Sommer 1992 vorgestellte **SL 600**, dessen Zwölfzylinder-Triebwerk 290 kW oder 394 PS an die Hinterachse wuchtete. Die Höchstgeschwindigkeiten lagen nun zwischen 225 km/h (SL 280), 238 km/h (SL 320) und 250 km/h für die beiden Topmodelle – womit der Klassiker auch für die nächsten Jahre blendend aufgestellt war.

Nur 85 Käufer leisteten sich den SL 73 AMG – und sie hatten mit den 525 PS dieses Roadsters viel Freude.

Im Frühjahr 1999 erhielt dann diese SL-Baureihe ihre letzten Veränderungen: Aus dem SL 60 AMG wurde der **SL 55 AMG**, der mit seinen 260 kW (354 PS) in exakt 65 Exemplaren entstehen sollte – und ihm zur Seite wurde der 386 kW (525 PS) starke **SL 73 AMG** gestellt, der für damals unglaubliche 352.612 Mark einen kraftstrotzenden 7,3-Liter-Zwölfzylinder und 307 km/h Höchstgeschwindigkeit bot. Und dass – gerade bei AMG – das Bessere stets der Feind des Guten war, zeigte sich auch an den ausgelieferten Stückzahlen: Vom SL 73 AMG fanden 85 Exemplare einen Käufer.

1998 tauchten in der A-Klasse dann auch die ersten Dieselmotoren auf – so ergänzten der **A 160 CDi** mit 44 kW (60 PS) und der **170 CDi** mit

Das Spitzenmodell der neuen S-Klasse war der S 600 L mit seinem 367 PS leistenden Zwölfzylindertriebwerk.

66 kW (90 PS) die Palette des Mercedes-Einstiegsmodells. Und im April 1999 erschien dann mit dem **A 190** eine 92 kW (125 PS) starke Variante, die mit ihrer Benzineinspritzung nicht nur technischen Fortschritt demonstrierte, sondern auch die Höchstgeschwindigkeit auf stolze 193 km/h anhob, während der Spurt auf Tempo 100 nun in 10,2 Sekunden absolviert werden konnte.

Der große Paukenschlag gehörte 1998 jedoch der neuen S-Klasse, die im Oktober auf dem Pariser Autosalon das Licht der Welt erblickte. Nun war der Vorgänger (W 140) ja wegen seiner Größe – übrigens nur in Deutschland – nicht unumstritten gewesen. Obwohl niemand seine Qualitäten in Frage stellte, hatte er sich doch seine Reputation mühsamer erarbeiten müssen, als dies bei seinen Vorgängermodellen der Fall gewesen war. Und so stellte sich die Öffentlichkeit im Vorfeld der Präsentation auch immer öfter die Frage, ob auch der »Neue« – der intern als W 220 bezeichnet wurde – auf diesen Spuren seines Vorgängers wandeln würde.

Matthias Röcke beschreibt deshalb in seinem Buch über die S-Klasse-Modelle sehr schön die Empfindsamkeiten: »So hatten die Verantwortlichen die negative Reaktion der veröffentlichten Meinung in Deutschland in den ersten Jahren des W 140 als Drohung im Hinterkopf, als sie die Baureihe W 220 angingen. Deshalb blieb es die vornehmste Pflicht, dem Premierenpublikum die neuen, bescheideneren Dimensionen näher zu bringen. Das einst viel zitierte Längenmaß zeigte sich im kurzen Radstand um 75, beim langen um 55 Millimeter reduziert, was auch exakt den veränderten Radständen entsprach. In der Breite waren es 31 Millimeter weniger, in der

Höhe 41 Millimeter. Und trotz der Verkleinerung übernahm der neue W 220 die üppigen Innenmaße – er wuchs innen sogar.«

Und Röcke fuhr zum Thema Design fort: »Die S-Klasse musste sich generell einer Diät unterziehen, im Erscheinungsbild sportlicher werden und doch die große, komfortable Reiselimousine bleiben. Diesen Anspruch erfüllte der Neuling im Herbst 1998 voll und ganz.« Und er fuhr fort: »Das Styling des W 220 ist in sich harmonisch und in sich schlüssig – zweifellos wird die grundsätzliche Karosserielinie über die gesamte Bauzeit – man rechnet bis 2005 – aktuell bleiben.«

Die Stuttgarter starteten diese Baureihe mit den beiden Sechszylindermodellen **S 280** mit 150 kW (204 PS) und **S 320** mit 165 kW (224 PS) Leistung. Dazu kamen die beiden Achtzylinder-Varianten **S 430** (205 kW/ 279 PS) und **S 500** mit 225 kW oder 306 PS Leistung. Ein knappes Jahr später folgte dann im September 1999 auf der IAA in Frankfurt mit dem souveränen **S 600 L** das Topmodell, dessen stolze Besitzer sich an 270 kW oder 367 PS erfreuen konnten. Natürlich gab es von allen Varianten auch L-Versionen – der S 600 L war nur als L zu haben –, deren um 120 Millimeter gewachsener Radstand voll dem Knieraum der Fondpassagiere zu Gute kam.

Dieser September brachte aber noch zwei weitere W 220-Varianten: einerseits den betont sparsamen **S 320 CDI**, der mit 145 kW (197 PS) – nur in der »kurzen« Version erhältlich – den Komfort der S-Klasse mit der Ökonomie eines Selbstzünders verbinden konnte. Und dazu erblickte mit dem **S 55 AMG** eine Power-Variante das Licht der Welt, die mit ihrem 5,4-Liter-Achtzylinder nun 265 kW (360 PS) leistet – und damit praktisch auf dem Niveau des S 600 L liegt. Mit dem **S 400 CDI** erschloss sich Mercedes-Benz dann im Sommer 2000 jene Käuferklientel, die sich viel Drehmoment (560 Nm) bei günstigen Verbrauchswerten wünschte – die Zeitschrift *auto, motor und sport* erreichte für die 184 kW (250 PS) starke Luxuslimousine einen Testverbrauch von 10,7 Liter auf 100 Kilometer.

Neben der erfolgreichen Einführung der W 220-Baureihe hatten die Schwaben aber auch mit dem ersten Gewinn der Formel 1-Weltmeisterschaft einen weiteren Grund zum Jubeln. **Mikka Häkkinen** gewann den Fahrertitel nach einer spannenden Saison mit 100 Punkten und acht Siegen vor Michael Schumacher auf Ferrari, der es auf sechs Siege und 86 Punkte brachte. Häkkinens Markengefährte David Coulthard fuhr in dieser Saison 56 Punkte nach Hause. Bei dieser Konstellation wundert es auch nicht weiter, dass McLaren-Mercedes auch die **Konstrukteurs-Welt-**

Der Formel 1-Weltmeister des Jahres 1998: Mikka Häkkinen.

meisterschaft mit 156 zu 133 Punkten vor Ferrari für sich entscheiden konnte. Und man siegte auch mit **Klaus Ludwig** und **Ricardo Zonta** mit 77 Punkten bei der **GT-Weltmeisterschaft** – während das AMG Mercedes-Team mit beeindruckenden 149 Punkten vor Porsche mit 49 Punkten die Team-Weltmeisterschaft errang.

Im Jahr 1998 gewannen die Stuttgarter auch mit dem CLK-GTR die GT-Weltmeisterschaft.

Und im Jahr 1999 konnten Mercedes und McLaren wieder feiern: Erneut wurde **Mikka Häkkinen** mit 76 Punkten und fünf Siegen knapp vor dem Ferrari-Piloten Eddie Irvine mit 74 Punkten **Formel 1-Weltmeister**, während David Coulthard mit 48 Punkten auf Rang vier die Saison beendete. Die Konstrukteurs-WM wurde hingegen mit 124 zu 128 Punkten gegen die Roten aus Maranello knapp verloren.

Neben dem Weltmeistertitel von Häkkinen und dem Start der neuen S-Klasse hatte das Jahr 1998 aber auch noch einen anderen spektakulären Produktstart zu verzeichnen, denn im Juli 1998 begann die **smart**-Ära. Lange hatte es sich die Öffentlichkeit nicht vorstellen können, dass sich ausgerechnet die Stuttgarter an diesen Kleinwagen wagen würden – doch Jürgen Hubbert hatte immer klar die These vertreten, dass sich ein weltweit agierendes Unternehmen auch mit der gesamten Bandbreite der Mobilität beschäftigen muss. Und klar war auch, dass es noch viele Märkte gab, in denen kleine Stadtfahrzeuge immer gefragter sein würden – und außerdem ist dieses Modell auch ein interessanter erster Verknüpfungspunkt zwischen jungen, unkonventionell denkenden Käuferinnen und Käufern und dem Stuttgarter Unternehmen, der einen späteren Umstieg auf die Marke mit dem Stern sicherlich erleichtert.

Zuerst kam der smart mit zwei Motorvarianten auf den Markt, bei denen der 0,6-Liter-Dreizylinder entweder 33 kW (45 PS) oder 40 kW (54 PS) leistete – im Januar 2001 folgte dann noch eine 45 kW (61 PS) starke Version, die den kleinen Zweisitzer richtig lebendig werden ließ. Vor diese Top-Version hatten die Ingenieure aber noch im November 1999 den ersten smart-Diesel zur Serienreife gebracht, der als **smart cdi** mit nunmehr 0,8 Liter Hubraum 30 kW oder 41 PS und Verbrauchswerte um die 3-Liter-Grenze zur Verfügung stellte.

Im Februar 2000 bekam der erfolgreiche smart mit dem city cabrio eine sehr offene Variante zur Seite gestellt.

Wer es gerne etwas offener hatte, konnte vom Februar 2000 an zum **smart city cabrio** greifen, bei dem ein Targa-Dach und eine versenkbare Heckklappe für Frischluft sorgten – und wer es noch offener wünschte, bekam dann im März 2001 auf dem Genfer Automobilsalon den smart **crossblade** zu Gesicht, der in einer auf 2000 Exemplare limitierten Edition auf Türen, Frontscheibe und Dach verzichtete. Sehr viel offener fahren geht nicht mehr – und so mutierte der crossblade zum Lieblingsauto der Glücklichen, die auf Ibiza oder an der Algarve leben dürfen.

Von der Öffentlichkeit weitgehend unbemerkt verdient aber noch ein weiteres Modell seit Februar 1979 – also seit mehr als 20 Jahren – seinen Deckungsbeitrag für die Stuttgarter: die G-Klasse. Ein mittlerweile zum Klassiker gereifter Geländewagen, der mit seinem kantigen Äußeren und dem exzellenten Fahrverhalten im Gelände Kultstatus gewonnen hatte – und dem man im Laufe der Jahre kontinuierlich Feinarbeit angedeihen ließ. Einer der Höhepunkte dieses Feinschliffs war zweifellos der **G 500 V8**, der im Frühjahr 1998 auf den Markt kam – mit acht Zylindern und mit 218 kW oder 296 PS und allen technisch möglichen Tricks durchs Gelände reisen zu dürfen, schien den Liebhabern der G-Baureihe ausgesprochen gut zu gefallen, denn der G V8 wurde rasch zu einem beachtlichen Verkaufserfolg.

Und läuft und läuft und läuft... – seit 1979 ist die G-Klasse nun im Modell-Programm. Hier der 1998 vorgestellte G 500 V8.

Eines der schönsten Mercedes-Coupés aller Zeiten: Im März 1999 feierte der CL Weltpremiere – hier die Zwölfzylinder-Version CL 600.

Ein Erfolg, den Mercedes-Benz nun auch langsam in den USA zu realisieren schien, denn die G-Klasse wurde lange nicht offiziell über den Ozean exportiert – man überließ dieses Geschäft lieber der Privatinitiative einzelner Händler. Doch dann entdeckte die Zentrale die Begeisterung der Amerikaner für diesen Oldie – und begann zugleich auch eine Produktoffensive für dieses faszinierende Fahrzeug. So kamen im Sommer des Jahres 2000 zu den G 320- und G 500 V8-Modellen mit dem **G 290 D** und dem **G 400 CDI** noch zwei neue Dieselvarianten auf den Markt, die im G 290 D aus ihrem 2,9-Liter-Fünfzylinder 88 kW (120 PS) bereitstellten, während der V8-Motor des G 400 CDI 184 kW oder 250 PS und ein Drehmoment von 560 Nm abgab.

Es war bei Mercedes-Benz schon seit Jahrzehnten gute Sitte, dass wenige Monate nach der Vorstellung einer neuen S-Klasse auch ein neues Coupé auf der Basis dieser Baureihe präsentiert wurde. So war im März 1999 in Genf auch erstmals das CL-Coupé in den **CL 500**- und **CL 600**-Versionen zu bewundern.

Das neue Coupé, mit dem der legendäre Design-Chef Bruno Sacco – bevor er in den Ruhestand wechselte – sein letztes Werk ablieferte, geriet zu einem außergewöhnlich eleganten 2+2-Sitzer, der mit seiner Mischung aus Understatement und Selbstbewusstsein das klassische Selbstverständnis von Mercedes-Benz perfekt symbolisierte. Es war aber nicht nur die Eleganz, die das Periodikum *Auto-Jahr* in seiner Jubiläumsausgabe zum 50. Geburtstag schreiben ließ: »Und so, wie der 300S vor 50 Jahren den steten technischen Fortschritt demonstrierte, so beweist uns der CL 600 heute, dass man sich nur dann zur technischen Avantgarde zählen darf, wenn man Tag für Tag aufs

Neue bereit ist, der Zukunft ihre Geheimnisse zu entreißen. Geheimnisse und Erkenntnisse, von deren Existenz die Techniker vor 50 Jahren noch gar keine Ahnung hatten – nur ein Beispiel: Hier registrieren heute Hochdruck-Hydraulik und State-of-the-Art-Steuergeräte in Sekundenbruchteilen alle Karosserieneigungen, wie sie beim Anfahren, Bremsen oder bei der Kurvenfahrt auftreten – um hier so rasch und effektiv wie möglich entgegenzuwirken. ABC steht hier für Active Body Control – dessen Verbindung aus Elektronik, passiven Federn und Dämpfern ein Fahren wie auf Schienen ermöglichen.«

Kurz gesagt: Das »große« Coupé entpuppte sich rasch als wunderbare Interpretation des ewigen Themas Gran Tourismo – und als im September 1999 auf der IAA dann noch der **CL 55 AMG** präsentiert wurde, gab es dieses Coupé nun auch noch als betont dynamisches Geschöpf, das seine Besitzer mit 265 kW (360 PS) und einer Beschleunigung in sechs Sekunden von Null auf Tempo 100 erfreute.

Ein Motor, der auf dieser IAA übrigens auch erstmals in der M-Klasse zu betrachten war – hier hatte die Marke mit dem Stern die Baureihe um den **ML 55 AMG** mit dem auf 255 kW (347 PS) leicht leistungsreduzierten Achtzylinder und – für den eher sparsamen Interessenten – um den **ML 270 CDI** erweitert. Dass der ML 55 AMG trotz des leichten Leistungsverlusts noch immer 232 km/h erreichte und die 100 km/h-Grenze nach 6,9 Sekunden durcheilte, erfreute dann die eher sportlichen Interessenten, während der 120 kW (163 PS) starke Fünfzylinder-Dieselmotor mit Verbrauchswerten um die 10-Liter-Grenze und 186 km/h Höchstgeschwindigkeit überzeugte.

Wie sehr dieses Jahr von immer stärkeren Modellen geprägt war, demonstrierte dann im Sommer 1999 auch noch das **CLK 55 AMG** Cabriolet, das die Freude mit vier Insassen offen unter blauem Himmel dahinrollen zu können, nun auch mit nicht weniger als 255 kW (347 PS) ermöglichte – in ganzen 6,2 Sekunden durcheilten hier die Insassen nun die 100 km/h-Grenze, die Höchstgeschwindigkeit hatte man wie immer auf 250 km/h begrenzt. Im Sommer 2000 folgte dann als weitere Variante das **CLK 230 K** Cabriolet mit einem 2,3-Liter-Vierzylinder, dem ein Kompressor (daher das K in der Typbezeichnung) zu 145 kW (197 PS) Leistung verhalf. Da auch diese Version bereits für 230 km/h Höchstgeschwindigkeit gut war, sollte sie sich rasch in beachtlichen Stückzahlen verkaufen.

Das neue Jahrtausend sollte im Januar mit einem Facelift beginnen: In Detroit präsentierte sich erstmals der **SLK 3.2 V6**, der sich mit 160 kW

Nun auch mit sechs Zylindern: Der Januar 2000 brachte den SLK 3.2 V6 mit 218 PS Leistung.

(218 PS) Leistung und einer Höchstgeschwindigkeit von 245 km/h als die Top-Motorisierung des kleinen, außerordentlich erfolgreichen und beliebten SLK etablieren durfte.

Das wichtigste Ereignis war in diesem Jahr jedoch die Weltpremiere der neuen C-Klasse, die sich das Unternehmen für den Genfer Autosalon aufgehoben hatte. Nicht weniger als sechs Varianten brachte man parallel zu den Händlern: Der **C 180** diente nun mit seinen 95 kW (129 PS) als immerhin 207 km/h schnelles Basismodell, darüber kam der **C 200** mit 120 kW (163 PS) Leistung ins Angebot. Die bewährten V6-Motoren fanden in dem **C 240** mit 125 kW oder 170 PS und im **C 320** mit 160 kW (218 PS) Leistung Platz, während die Freunde des Selbstzünders auf nicht weniger als drei Angebote zurückgreifen konnten: den **C 200 CDI** (85 kW/116 PS), den **C 220 CDI** (105 kW/143 PS) und den **C 270 CDI**, dessen Reihen-Fünfzylinder 125 kW (170 PS) bereitstellte.

Mit der C-Klasse des Jahrgangs 2000 – hier der C 200 – vermischten die Stuttgarter eine kompakte Form mit Eleganz und modernster Technik.

Allen Modellen gemeinsam war eine moderne, elegante Karosserie, unter deren kompaktem Äußeren – Länge: 4,52 Meter – die modernste Technik installiert wurde. Und so wunderte es auch nicht, dass sich die C-Klasse rasch an die Spitze in den Verkaufsstatistiken setzte – einmal mehr schien die Melange aus schwäbischer Perfektionslust, hoher Praktikabilität, attraktiven Wiederverkaufswerten und der neu gewonnenen Designsprache unwiderstehlich.

Natürlich wurde das Modellangebot der neuen C-Klasse im Laufe der nächsten Monate und Jahre immer weiter perfektioniert – so kam im Sommer 2000 für die besonders leistungshungrigen Interessenten der **C 32 AMG** ins Angebot, der mit seinen 260 kW oder 354 PS als Wolf im Schafspelz diente und seine reichlich vorhandene Kraft (450 Nm Drehmoment!) dezent zur Schau stellte – man musste schon einmal den Versuch unternommen haben, dem knapp 1,6 Tonnen schweren Modell – Null auf 100 km/h in 5,2 Sekunden – mit einem anderen Fahrzeug zu folgen, um das Temperament dieses Modells zu begreifen.

In diesem Jahr erhielt aber auch die E-Klasse ein Facelift, zu dem sich auch zwei neue Motorisierungsvarianten hinzugesellten: Da kam einerseits der **E 270 CDI**, der den aus vielen anderen Modellen bereits bekannten Reihen-Fünfzylinder mit 125 kW (170 PS) besaß, während der **E 320 CDI** als neuer V6-Dieselmotor mit der Commonrail-Technik 145 kW oder

197 PS an die Hinterachse lieferte, womit der sparsame Selbstzünder problemlos 230 km/h erreichte.

Auf dem Pariser Automobilsalon überraschte Mercedes-Benz dann im Oktober 2000 mit einer völlig neuen Baureihe: dem Sport-Coupé auf der Basis der C-Klasse. Und wieder erweiterte sich das Stuttgarter Modellprogramm um ein neues Modell, das nun als 2+2-Coupé in leichter Keilform und mit einem dezent verglasten Heck, unter dem sich reichlich Gepäck verstauen ließ, nach neuen Käuferinnen und Käufern Ausschau hielt.

Für den Vortrieb sorgten in der ersten Ausbaustufe vier Motorvarianten: das **C 180 Sportcoupé** mit dem bewährten 2-Liter-Vierzylinder und 95 kW (129 PS); das **C 200 K Sportcoupé**, bei dem ein Roots-Kompressor dem 2-Liter-Vierzylinder zu 120 kW (163 PS) Leistung verhalf, und das **C 230 K Sportcoupé**, dessen 2,3-Liter-Vierzylinder mit Roots-Kompressor 145 kW oder 197 PS an die Hinterachse lieferte – womit sich dieses Modell auf 240 km/h Höchstgeschwindigkeit beschleunigen ließ. Und wer eine Mischung aus Coupé und Sparsamkeit suchte, konnte bei dem **C 220 CDI Sportcoupé** fündig werden, unter dessen Motorhaube ein 2,2-Liter-Vierzylinder mit Turbolader und 105 kW (143 PS) Leistung schlägt – womit der Selbstzünder nach 10,3 Sekunden die 100-km/h-Grenze durcheilte und 220 km/h erreichte.

Ein Motorenprogramm, dem im Herbst 2002 dann noch zwei weitere Versionen hinzugefügt wurden: Wer es sparsam und schnell haben wollte, konnte nun das **C 30 CDI Sportcoupé** mit einem 3-Liter-Fünfzylinder

Auf die Limousine folgte rasch das C-Sportcoupé als zweitürige sportive Alternative, die auch – wie hier beim C 230 K – genügend Leistung und bis zu 240 km/h Höchstgeschwindigkeit zur Verfügung stellte.

und Turbolader ordern, dessen 170 kW oder 231 PS für glatte 250 km/h Höchstgeschwindigkeit und eine Beschleunigung in nur 6,8 Sekunden auf Tempo 100 sorgten. Noch mehr Temperament – bei allerdings identischer Höchstgeschwindigkeit von werksseitig reglementierten 250 km/h – bot hingegen das **C 32 AMG Sportcoupé**, bei dem 260 kW oder 354 PS für einen Spurt in 5,2 Sekunden auf 100 km/h verantwortlich zeichneten. Sehr viel diskreter als mit diesem Modell konnte man wohl nicht mehr auftreten, wenn man mit 260 Kilowatt unter der Motorhaube die Garage verließ.

Ein Jahr nach der Limousine kam mit dem T-Modell auch der Kombi auf Basis der neuen C-Klasse auf den Markt – hier der C 270 CDI.

Um das Modellangebot bei der C-Klasse zu vervollständigen, folgte dann im Januar 2001 noch der Kombi der **C-Klasse**, der unter der bewährten Bezeichnung **T-Modell** oder **Station Wagon** verkauft wurde. Mindestens so elegant wie die Limousine – aber mit einem deutlich größeren und besser nutzbaren Kofferraum – entpuppte sich auch dieses Modell rasch als Verkaufserfolg. Von der Motorisierung unterschied sich der neue Station Wagon natürlich nicht von seinen Limousinen-Verwandten, der ebenfalls als C 180, C 200, C 240, C 320, C 200 CDI, C 220 CDI und C 270 CDI zu den Händlern rollte.

Im Motorsport lief es in diesen Jahren nicht mehr ganz so wie gewünscht: Hier gewann im Jahr 2000 die Scuderia Ferrari vor dem McLaren-Mercedes-Team mit 170 zu 152 Punkten die Formel 1-Konstrukteurs-Weltmeisterschaft – und den begehrten Fahrer-Titel holte sich Michael Schumacher auf Ferrari mit 108 Punkten und neun Siegen vor Mikka Häkkinen, der vier Siege für die Silberpfeile nach Hause fuhr und im Endergebnis auf 89 Punkte kam. Dritter wurde der Schotte David Coulthard mit 73 Punkten.

Bernd Schneider errang im Jahr 2000 die Deutsche Tourenwagenmeisterschaft.

Dafür fuhren die Mercedes-Rennwagen bei der **Deutschen Tourenwagenmeisterschaft** Siege über Siege nach Hause – und letztlich wurde dann **Bernd Schneider** auf einem AMG-Mercedes mit 206 Punkten vor Manuel Reuter (162 Punkte) und Klaus Ludwig (122 Punkte) deutscher Meister. Die Team-Wertung gewann **D2 AMG** mit 255 Punkten vor Warsteiner AMG (230 Punkte) und dem Opel Team Phoenix (227 Punkte).

Und im darauf folgenden Jahr begann sich die Ferrari-Überlegenheit in der Formel 1 noch stärker herauszukristallisieren – so wurde Michael Schumacher 2001 mit 123 Punkten vor dem Mercedes-Piloten **David Coulthard**, der auf 65 Punkte kam, Weltmeister. Rubens Barrichello

(58 Punkte) und Mikka Häkkinen (49 Punkte) folgten auf den Rängen drei und vier. Und auch bei der Konstrukteurs-Weltmeisterschaft lag nun Ferrari mit 179 Punkten klar vor dem McLaren-Mercedes-Team (102 Punkte), dem mit 80 Punkten bereits das in dieser Saison neu gestartete Williams-BMW-Team auf Rang drei folgte.

Dafür siegten die Stuttgarter bei den **Deutschen Tourenwagen Masters** nach Belieben: Hier gingen die ersten vier Plätze an Mercedes-Benz, erst dann kam mit Audi das erste Konkurrenzmodell. Meister wurde einmal mehr **Bernd Schneider** mit 161 Punkten vor Uwe Alzen (101 Punkte), Peter Dumbreck (88 Punkte) und Marcel Fässler mit 76 Punkten. Und auch bei der Team-Wertung lagen drei Mercedes-Teams an der Spitze: **Team D2 AMG** vor Team Warsteiner AMG und Team Eschmann AMG Mercedes.

Es sollte bis zum Sommer 2001 dauern, bis die Stuttgarter wieder die nächsten völlig neuen Modelle an den Start brachten – dazwischen lag nur die überarbeitete A-Klasse, die auf dem Genfer Automobilsalon mit 17 Zentimeter mehr Radstand Premiere feierte. Dementsprechend geräumiger geriet der Innenraum dieser neuen Variante, mit der die **A-Klasse** ihre Rolle im Markt weiter stärken konnte.

Im Sommer kam dann mit dem **Vaneo** eine weitere, völlig neue Baureihe auf den Markt, mit der Mercedes-Benz den stetig wachsenden Markt der Minivans für sich erschließen wollte. Als Basis diente dem Vaneo die A-Klasse, bei der jedoch der Radstand noch einmal von 259,5 Zentimeter auf 290 Zentimeter verlängert wurde. Daraus resultierte natürlich ein beachtlicher Innenraum, der – massiv unterstützt von einer Höhe von 1,83 Metern – auch größere Transportvolumina verkraftete. Und zur problemlosen Be- und Entladung trugen die beiden großen Schiebetüren an den Seiten sowie eine riesige Heckklappe ihren Teil bei. Für den Vortrieb sorgten zwei Otto- und zwei Dieselmotoren, die mit 1,6 Liter (75 kW/102 PS) und 1,9 Liter Hubraum (92 kW/125 PS) antraten. Die Dieseltriebwerke waren der bewährte 1,7 Liter Turbodiesel Common Rail-Motor mit 55 kW (75 PS) Leistung und eine 67 kW (91 PS) starke Variante desselben Motors.

Der erste Minivan von Mercedes-Benz erschien im Sommer 2001 und trug den Namen Vaneo.

So sehr wir alle praktische und intelligent gestylte und konstruierte Modelle wie den Vaneo schätzen, so sehr lieben wir in Wirklichkeit doch die Top-Modelle, mit denen die Marke mit dem Stern alle Jahre wieder ihr

Lang erwartet und sofort mit langen Lieferfristen belegt: Der SL 500 überzeugte nicht nur mit seiner sportlich-dynamischen Form, sondern auch mit einem raffinierten Vario-Dach.

Können und ihre Erfahrung demonstriert. Und so wartete auch eine neugierige Öffentlichkeit im Sommer 2001 auf den neuen **SL**, der diesen Inbegriff von Sportlichkeit neu zu definieren hatte.

Natürlich waren im Vorfeld in den Medien reichlich Erlkönig-Fotos gedruckt worden, doch die Realität begeisterte die Liebhaber dieser vor 50 Jahren gegründeten Institution – der 300 SL hatte im Frühling 1954 auf der New York Motorshow seinen ersten Auftritt gefeiert – dann wirklich. Die Lobeshymnen schwärmten von der sportlich-eleganten Form, den modernsten Fahrdynamiksystemen und vor allem von dem Vario-Dach, das die Merkmale eines Roadsters mit dem eines Coupés verband. Dass das Cabriolet-Coupé – bei dem sich das feste Metalldach innerhalb von 16 Sekunden so genial in dem Kofferraum zusammenfaltete – zuerst nur als **SL 500** mit 225 kW (306 PS) an die Öffentlichkeit kam, irritierte die Interessenten nicht weiter, schließlich wusste man, dass nur drei Monate später der **SL 55 AMG** mit 350 kW oder 476 PS Leistung auf der IAA in Frankfurt Premiere feiern würde. Mit diesem temperamentvollen Roadster (Null auf 100 km/h in 4,7 Sekunden) waren dann auch erst einmal die PS-Freunde gut bedient – bis dann ein Jahr später ein drastisch überarbeiteter **SL 55 AMG** mit nunmehr 368 kW (500 PS) Leistung auf den Markt kam. Und wer diese Leistung von 500 Pferdestärken lieber ohne Kompressor, aber dafür – bei identischen Fahrleistungen – mit zwölf Zylindern und zwei Turboladern haben wollte, konnte zum **SL 600** greifen. Mercedes-Benz kümmerte sich aber nicht nur um PS-Höchstleistungen, sondern stellte mit dem **SL 350** auch ein vernünftiges Basismodell zu den Händlern, bei dem 180 kW (245 PS) für mehr als ausreichend Vortrieb sorgten.

Und auch bei dem kleinen Bruder des großen SL gab es ein neues Top-Modell, den **SLK 32 AMG**, der mit nicht weniger als 260 kW (354 PS) Leistung das kleine, kompakte Kraftpaket in 5,2 Sekunden von Null auf Tempo 100 beschleunigte. Die IAA des Jahres 2001 brachte dann noch mit dem 215 kW (292 PS) starken **ML 500** und dem 184 kW (250 PS) leistenden **ML 400 CDI** zwei neue Varianten der in den USA gefertigten ML-Baureihe, der sich dann im Herbst 2002 noch der 172 kW (234 PS) starke **ML 350** anschließen sollte.

Seit etlichen Jahren bemühen sich alle Hersteller bei der Tokyo Motorshow durch besonders innovative Design- und Technikstudien zu glänzen – eine Entwicklung, der sich natürlich auch Mercedes-Benz nicht entziehen

Mit überraschender Schräglage: 400 Carving

mochte. Und so entdeckte das überraschte Publikum den **F 400 Carving**, mit dem die Techniker die Erprobung neuartiger Fahrdynamik-Systeme demonstrieren wollten. Für den Vortrieb sorgte ein 3,2-Liter-V6-Motor mit 160 kW (218 PS) Leistung, dazu kamen ein elektronisches Lenksystem (Steer-by-Wire) und ein elektronisches Bremssystem (Brake-by-Wire) zum Einsatz. Das auffälligste Merkmal des offenen Roadsters – der seinen Beinamen von den sportlichen »Carvern« auf der Skipiste erhielt – war jedoch die aktive Sturzverstellung der Räder: Hier neigten sich die äußeren Räder um bis zu 20 Grad, was die Fahrstabilität deutlich erhöhte und die Schleudergefahr verringerte.

Das Frühjahr 2002 gehörte – nachdem der **A 210 Evolution** mit nunmehr 103 kW (140 PS) Premiere gefeiert hatte – der Präsentation der neuen **E-Klasse**. Natürlich war sich das Stuttgarter Unternehmen über die Bedeutung dieses Massenmodells für das Haus im Klaren: »Das ist unser Brot-und-Butter-Auto – und deswegen hat es perfekt zu sein«, vermeldete ein Vorstandsmitglied, um dann anschließend über die Eleganz und die Technik der neuen Modellreihe zu schwärmen.

Im Jahr 2002 gehörte die neue E-Klasse – hier der E 320 – zu den wichtigsten Neuerscheinungen des Stuttgarter Unternehmens.

Und in der Tat waren die Motorjournalisten aus aller Welt beeindruckt – und sie berichteten von den vielen neuen Modellen, die als **E 240** mit dem 2,6-Liter-Sechszylinder und 130 kW (177 PS) Leistung und als **E 320** mit 165 kW (224 PS) zu den Händlern rollten. Dazu kamen der **E 500** mit einem V8-Motor und 225 kW oder 306 PS und zwei Diesel-Varianten: der **E 220 CDI** mit einem 2,2-Liter-Vierzylinder und Turbolader (110 kW/ 150 PS) sowie der bewährte Reihen-Fünfzylinder mit 130 kW (177 PS) im **E 270 CDI**. In den nächsten Monaten wurden dann als Basismodell noch der **E 200 K** mit Kompressor und 120 kW (163 PS) sowie der **E 55 AMG** nachgeschoben, der mit seinen 350 kW (476 PS) aus 5,4 Liter Hubraum für Leistung in allen Lebenslagen sorgte.

Es ist schon faszinierend zu sehen, in welch kurzen Abständen Autohersteller heute immer neue Modellreihen auf den Markt bringen – und man ahnt auch nur ansatzweise, welche Kraftanstrengungen nötig sind, um diese immer kürzer werdenden Zyklen zu bewältigen. Und dennoch hat Mercedes-Benz in den vergangenen Jahren praktisch alle drei bis vier Monate die nächste Neuigkeit ausgepackt und präsentiert.

So war die Präsentation der neuen E-Klasse gerade abgeschlossen, als man auf dem Genfer Autosalon bereits die nächste Coupé-Generation auf der

Mit perfektem Design und reichlich Leistung: Der CLK 55 AMG basierte auf der C-Klasse und erfreute seine Besitzer mit einem bärenstarken Achtzylindertriebwerk.

Basis der C-Klasse bewundern konnte – bewundern deshalb, weil die Stuttgarter offensichtlich ihre Design-Linie immer weiter perfektionieren konnten. Und so zeigten sich auch die **CLK-Coupés** von einer ausnehmenden Eleganz, die der der großen CL-Coupés in nichts nachstand. Für die Motorisierungen konnte man auf das große, bewährte Angebot zurückgreifen – die Triebwerke des **CLK 200** mit Vierzylindermotor, den Sechszylinder-Varianten **CLK 240** und **CLK 320** sowie des Achtzylinders **CLK 55 AMG** und des Fünfzylinders **CLK 270 CDI** waren bereits von anderen Modellen bekannt. Neu war hingegen der erste Vierzylinder mit Benzindirekteinspritzung, der im **CLK 200 CGI** mit 125 kW (170 PS) Leistung zum Einsatz kam.

Und so wundert es auch nicht weiter, dass – genau ein Jahr später und wieder in Genf – dann die Cabriolet-Variante des CLK Premiere feierte. Und da auch das **CLK Cabriolet** – dessen Motorisierung mit der der Coupés identisch war – zu einem wunderschönen Automobil geraten war, konnten sich die Stuttgarter auch bei diesem Modell über viele Kaufverträge freuen.

Nur drei Monate später erschien dann im Juli 2002 endlich der lang erwartete Maybach, dessen erste Studie bereits im Oktober 1997 auf der Tokyo Motorshow die Luxus-Süchtigen dieser Erde begeistert hatte. Dass die Präsentation länger als erwartet gedauert hatte, lag nicht zuletzt daran, dass man in Stuttgart – wie nicht anders zu erwarten – weder Kosten noch Mühe noch Zeit gescheut hatte, die perfekte Luxus-Limousine zu entwickeln. Das Ergebnis trug dann die Bezeichnung **Maybach 62** – wobei die 62 für die Gesamtlänge von 6,16 Metern (3,82 Meter Radstand) steht – drei Monate später kam dann der **Maybach 57** mit einer Gesamtlänge von 5,73 Meter und dem auf 3,39 Meter verkürzten Radstand auf den Markt.

Natürlich arbeitete unter der Motorhaube dieses Modells ein noch weiter erstarkter 5,5-Liter-Zwölfzylinder, der – mit der Hilfe von zwei Turboladern – nun bei 5.250/min nicht weniger als 405 kW (550 PS) bereitstellte, und der zwischen 2.300 und 3.000/min glatte 900 Nm Drehmoment an die Hinterachse lieferte. Mit dieser üppigen Leistung mutierte natürlich selbst eine knapp drei Tonnen schwere Limousine zu einem veritablen Sportwagen, denn der Maybach durcheilte bereits nach 5,2 (Typ 57) bzw. 5,4 Sekunden (Typ 62) die 100 km/h-Grenze. Dass dieses Spitzenmodell über sämtliche nur denkbaren Luxus-Features verfügte, ist selbstverständlich

– fragen wir also nicht nach getrennten Klimaanlagen, mehreren Telefonleitungen oder einem In-Board-Videosystem, sondern nehmen wir vielmehr zur Kenntnis, dass der Maybach 62 sogar ausklappbare Liegesitze besitzt, auf denen man im Fond wie in einem Privatjet schlafen kann.

Was lange währt: Fünf Jahre nahmen sich die Ingenieure Zeit, um den Maybach 62 zu perfektionieren – das Ergebnis ist ein perfektes Stück Technik, mit dem Reisen wieder eine neue Dimension gewinnt.

Der Herbst dieses ereignisreichen Jahres gehörte dann noch einigen aufwändigen Modellpflegemaßnahmen, zu denen auch die Einführung der **4matik** – eines Allradsystems – für die C-Klasse und die S-Klasse gehörte. Natürlich war dieser permanente Allradantrieb, bei dem ein zentrales Differenzial eine Drehmomentverteilung von 40 Prozent an die Vorder- und 60 Prozent an die Hinterachse bewerkstelligte, nicht für alle Modelle verfügbar. So bekam die C-Klasse dieses Feature beim **C 240** und beim **C 320** gegen Aufpreis zur Verfügung gestellt – dazu verfügte der **C 180 K** nun über einen 105 kW (143 PS) starken Kompressormotor. Außerdem war mit dem **C 30 CDI** nun auch der 170 kW (231 PS) starke 3-Liter-Fünfzylinder-Dieselmotor in die C-Klasse gewandert.

Die 4matic kam nun aber auch zusammen mit einigen anderen Modellpflegemaßnahmen in der S-Klasse in allen Sechs- und Achtzylinder-Modellen zum Einsatz – nur der **S 600 L** war weiterhin nur mit Heckantrieb zu bestellen. Dafür erhielt dieses Modell den weiter überarbeiteten V12-Biturbo-Motor, der nun bei 5.000/min nicht weniger als 368 kW oder 500 PS bereitstellte. Klar, dass diese Motoren auch in das CL-Coupé verpflanzt wurden – und so sah der Herbst dieses arbeitsintensiven Jahres dann noch den neuen **CL 55 AMG** mit dem 500 PS starken Kompressormotor sowie den **CL 600** Biturbo, dessen V12-Triebwerk ebenfalls 368 kW oder 500 PS bereitstellte. Dass dies aber noch nicht das Ende der Entwicklung war, bewies dann ein Jahr später der **CL 65 AMG**, dessen neuer 6-Liter-Zwölfzylinder mit der Hilfe von zwei Turboladern nicht weniger als

Kimi Räikkönen ersetzte 2002 den zurückgetretenen Doppel-Weltmeister Mikka Häkkinen – und der junge Finne war auf Anhieb richtig schnell.

450 kW oder 512 PS bereitstellte – und diese beeindruckende Zahl noch mit einem maximalen Drehmoment von 1.000 Nm unterstrich, das zwischen 2.000 und 4.000/min anliegt. So motorisiert erreicht der CL 65 AMG nach 4,4 Sekunden Tempo 100 und nach 13,3 Sekunden Tempo 200.

Was den Motorsport betraf, so war das Jahr 2002 bei weitem nicht so erfolgreich, wie man es sich bei Mercedes und McLaren erhofft hatte. Nach dem Rücktritt des zweimaligen Weltmeisters Mikka Häkkinen vom Motorsport traten die Silberpfeile nun mit dem bewährten **David Coulthard** und einem jungen Überflieger namens **Kimi Räikkönen** an – und man machte sich durchaus Hoffnungen auf die Titel. Doch in diesem Jahr war das Paket Michael Schumacher und Ferrari einmal mehr nicht zu schlagen: Der Deutsche wurde mit 144 Punkten Fahrer-Weltmeister (und er gewann dabei elf von 17 Rennen), Zweiter wurde sein Markenkollege Rubens Barrichello mit 77 Punkten. Dann kamen bereits die auf Anhieb schnellen BMW-Williams-Fahrer Juan-Pablo Montoya (50 Punkte) und Ralf Schumacher mit 42 Punkten. David Coulthard (Sieg Monaco) und Kimi Räikkönen fanden sich am Ende der Saison nur auf den Plätzen Fünf und Sechs – aber wenigstens hatte David Coulthard den prestigeträchtigen **GP von Monaco** gewonnen. Dementsprechend weit hinten fand man sich dann auch in der Konstrukteurs-Weltmeisterschaft: Hier siegte Ferrari mit 221 Punkten vor Williams-BMW (92 Punkte) und McLaren-Mercedes mit 65 Zählern. Und auch in der Tourenwagen-Meisterschaft blieb dem sieggewohnten **Bernd Schneider** im Mercedes CLK nur ein zweiter Rang hinter dem siegreichen Laurent Aiello auf einem Audi TT.

Kein Wunder, dass man sich für die **Saison 2003** deutlich mehr vornahm – und tatsächlich war die Formel 1-Saison spannend wie seit Jahren nicht mehr: Michael Schumacher, Kimi Räikkönen und Juan-Pablo Montoya kämpften 16 Rennen lang um Punkte und Platzierungen – letztlich sollte zwar wieder einmal Michael Schumacher den Titel gewinnen, aber in diesem Jahr musste er bis zum letzten Rennen im japanischen Suzuka um den Titel zittern. Am Ende lag er mit seinen 93 Punkten ganze zwei Punkte vor dem Finnen Räikkönen, dem wiederum der Kolumbianer Montoya mit 82 Punkten folgte. Und auch die Konstrukteurs-Weltmeisterschaft ging mit 158 Punkten knapp an Ferrari vor dem BMW-Williams-F1-Team (144 Punkte) und McLaren-Mercedes (142 Punkte).

Dafür klappte es in der **Deutschen Tourenwagen-Meisterschaft** einmal wieder für **Bernd Schneider**, der seinen vierten Titel vor dem Holländer Christijan Albers – ebenfalls auf einem AMG-Mercedes – beim letzten Rennen in Hockenheim nach Hause fahren konnte.

Wer die Vergangenheit von Mercedes-Benz etwas kennt, weiß auch, dass man immer etwa ein Jahr warten kann, bis auf die Limousine auch die Kombi-Variante folgt, die stets die Bezeichnung T-Modell trägt. Und so war es auch der Detroit Motorshow vorbehalten, im Januar 2003 die Enthüllung der **E Klasse T-Modelle** zu sehen – dass sich bei der Modellpalette gegenüber den Limousinen nichts veränderte, war ebenfalls klar. So standen dann von Frühjahr 2003 an der E 200 K, der E 240, der E 320, der E 220 CDI, der E 270 CDI und der E 320 CDI als T-Modelle bei den Händlern – nur die Achtzylinder-Modelle des E 500 und des E 55 AMG waren noch nicht zu bestellen.

Im Februar folgte dann ein Facelift bei den **smart**-Modellen – und hier durfte auch die Firma **Brabus**, die bereits seit Jahren für die Stuttgarter Kleinserien von gepanzerten oder besonders leistungsstarken Modellvarianten fertigt, sich um den smart kümmern. Das Ergebnis sind besonders luxuriös ausgestattete Varianten, bei denen sich eine verwöhnte Käuferklientel praktisch jeden Wunsch erfüllen lassen kann. Klar, dass sich Brabus auch des **smart roadsters** oder des **smart coupés** annehmen durfte – hinter diesen Varianten verbargen sich die ersten neuen Karosserieversionen auf der Basis des längst vertrauten smart, mit denen die MB-Tochtergesellschaft das smart-Programm auf eine breitere Basis zu stellen begann.

Dafür wurde der Radstand von 1,81 Meter auf 2,36 Meter verlängert und eine völlig neue, sehr modische zweitürige Karosserie designt, deren Form zuerst polarisierte – doch letztlich gewannen die bis zu 175 km/h schnellen Roadster- und Coupé-Modelle, deren 0,7-Liter-Dreizylindermotoren zwischen 45 kW (61 PS) und 60 kW (82 PS) l eisten, rasch ihre Freunde, die das ungewöhnliche Design und die zweifellos vorhandene Stadttauglichkeit begeistert akzeptierten.

Professor Jürgen Hubbert hatte ja schon lange davon erzählt, den smart eines Tages zu einer ganzen smart-Familie werden zu lassen – und so wunderte es auch nicht weiter, dass einige Auserwählte am 26. Juni 2003 auf dem Züricher Flughafen

Alles wächst – auch die smart-Familie. Und so wundert es auch nicht, dass es vom Sommer 2004 an mit dem forfour einen Viertürer im Programm gibt.

den **smart forfour** zu sehen bekamen: den ersten Viertürer mit dem Label smart.

Offizielle Weltpremiere war dann auf der IAA im September, wo der smart für die junge Familie auf große Begeisterung stieß. Dass sich smart mit diesem Modell in eine größere Klasse begibt, bewiesen auch die fünf verschiedenen Triebwerke (1,1 Liter mit 55 kW oder 75 PS / 1,3 Liter mit 70 kW oder 95 PS / 1,5 Liter mit 80 kW oder 109 PS – und dazu zwei Dieselmotoren mit 1,5 Liter Hubraum und 50 kW bzw. 70 kW / 68 oder 95 PS), die dem forfour von seiner Markteinführung im Sommer 2004 an zu beachtlichem Temperament verhelfen werden. Und weil der Begriff *forfour* – Für Vier – so wunderbar passt, wurde zugleich auch beschlossen, das smart city-coupé und das smart cabrio vom 1. Januar 2004 an in smart *fortwo coupé* und *fortwo cabrio* umzutaufen.

Der Star auf der IAA 2003 war die Coupé-Limousine CLS – kein Wunder, dass nur wenige Wochen später die Serienproduktion bekannt gegeben wurde.

Die absoluten Stars auf dieser IAA waren jedoch der vor Kraft strotzende **SLR**, der von Mai 2004 an ausgeliefert werden wird – und die bestechend schöne **CLS**-Studie, hinter der sich der Entwurf eines viertürigen Coupés verbirgt, dem das viel gerühmte *Auto-Jahr* in seinem Jahresband 2003/2004 folgende Eloge widmete: »Dem Vision CLS haben die Mercedes-Designer feine Proportionen gegeben, vor allem aber wunderbar elegante Oberflächen, die einen neuen Ansatz bei diesem altehrwürdigen Hersteller repräsentieren – besonders schön sind die fließenden Flächen vor den Vorderrädern.« Kein Wunder, dass Jürgen Hubbert auf der IAA jeden Gesprächspartner mit der Frage konfrontierte: »Sollen wir diesen Wagen in Serie bauen?« Die Antworten müssen ihn überzeugt haben, denn am 5. November 2003 gab Mercedes-Benz bekannt, dass der CLS in Serie gehen wird.

Leistung im Überfluss: Der Mercedes SLR wurde zusammen mit McLaren entwickelt – 3500 Besitzer werden sich an 626 PS und 334 km/h Höchstgeschwindigkeit erfreuen.

Wesentlich länger war bereits der SLR angekündigt – die Stuttgarter Antwort auf das immer größer werdende Angebot an Super-Sportwagen. Der SLR – die Typbezeichnung tauchte das erste Mal 1954 und 1955 an dem in nur zwei Exemplaren gebauten (s. S. 87) 300 SLR auf – wurde zusammen mit dem Formel 1-Partner McLaren entwickelt, und der 460 kW (626 PS)

starke Zweisitzer wird auch in einem neu gebauten Werk bei McLaren von Hand gefertigt. Um optimale Fahreigenschaften zu sichern, rutschte der 5,5-Liter-Achtzylinder, dem zwei Kompressoren zu seiner Leistung verhelfen, weit hinter die Vorderachse – womit der 334 km/h schnelle und 435.000 Euro teure Wagen wohl immer perfekt beherrschbar bleiben sollte. Ganze 29 Sekunden braucht dieses Coupé, um aus dem Stand Tempo 300 zu erreichen – allerdings werden wohl nur die wenigsten der 3.500 Besitzer dieses Tempo jemals erreichen, denn die meisten SLR werden wahrscheinlich in klimatisierten Garagen auf ein paar Streicheleinheiten warten .Natürlich besitzt der SLR alle technischen Features, die heute möglich sind: Von der Monocoque-Karbonfaser-Karosserie über ausgefeilte elektronische Helferlein, die einem auch auf Regen und Schnee zu ausreichend Vortrieb verhelfen, bis hin zu einem Aerodynamik-Konzept mit einem Diffusor am Unterboden und einem automatisch ausfahrbaren Spoiler im Kofferraumdeckel, das sich direkt auf die Formel 1 berufen kann.

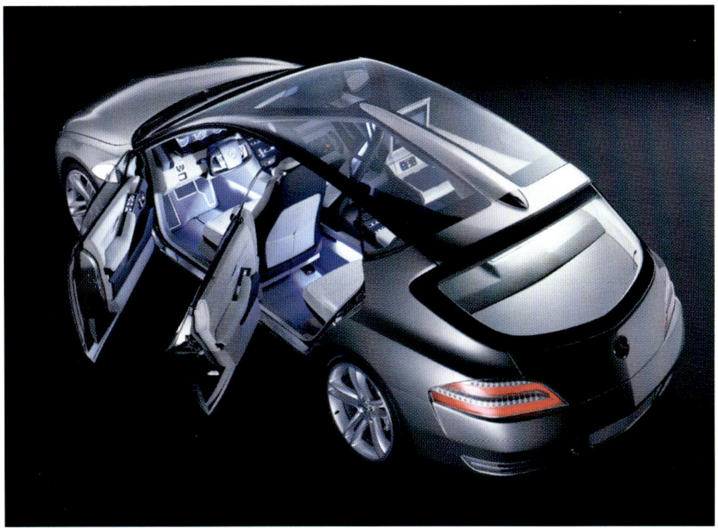

Als rollendes Forschungslabor bezeichnete Mercedes-Benz den F 500 Mind.

Das Ende dieses Jahres brachte dann auf der Tokyo Motorshow mit dem **F 500 Mind** ein rollendes Forschungslabor, mit dem Mercedes-Benz den ersten Hybrid-Antrieb im oberen Fahrzeugsegment präsentierte. Ist viel Kraft gefordert, sorgt ein V8-Dieselmotor für den Vortrieb und lädt gleichzeitig die Batterien auf – ansonsten sorgt ein starker Elektromotor für den Antrieb. Es würde den hier zur Verfügung stehenden Platz sprengen, alle Features des F 500 Mind zu erläutern, deshalb nur noch ein Detail: Hier kommen erstmals kraftsensitive Pedale für Gas und Bremse zum Einsatz: Je stärker der Fuß eine Druckplatte berührt, desto schneller wird beschleunigt, desto stärker wird gebremst. Der Vorteil? Diese Platten können an der Spritzwand montiert werden – und keine Pedalerie kann bei einem Unfall mehr für Verletzungen sorgen.

Schnelle Reiselimousine im Großraumformat: Die siebensitzige GTS-Studie feierte im Januar 2004 in Detroit Weltpremiere – Produktionsbeginn: 2005.

Anfang Januar 2004 waren dann die ersten Fotos des neuen SLK zu sehen, der von März an als **SLK 200 Kompressor**, als **SLK 350** und als **SLK 55 AMG** (mit Siebengang-Automatik) durch Form und Technik begeisterte - und dessen Variodach den SLK in nur 22 Sekunden zum Cabrio verwandelt.

Man sieht: Nach knapp 120 Jahren fällt der ältesten Automobilmanufaktur der Welt noch immer etwas Neues ein. Wir dürfen auf die nächsten Jahre gespannt sein.

Alle Benz-, Daimler- und Mercedes-Benz-Typen seit 1886

Die Angaben beruhen auf Statistiken von Mercedes-Benz (Stand: Februar 2004).

Typ	Produktionsjahre
Benz Patent-Motorwagen (Modell 1)	1885 - 1886
Benz Patent-Motorwagen (Modell 3; 1,5 PS)	1886 - 1894
Benz Patent-Motorwagen (Modell 3; 2,5 PS)	1886 - 1894
Benz Patent-Motorwagen (Modell 3; 3 PS)	1886 - 1894
Benz »Victoria«, »Vis-à-Vis« (3 PS)	1893 - 1896
Benz »Victoria«, »Vis-à-Vis« (4 PS)	1894 - 1895
Benz »Victoria«, »Vis-à-Vis« (5 PS)	1895 - 1898
Benz »Victoria«, »Vis-à-Vis« (6 PS)	1898 - 1900
Benz »Dos-à-Dos« (5 PS)	1899 - 1900
Benz »Dos-à-Dos«, »Mylord«, »Phaeton« (8 PS)	1899
Benz »Dos-à-Dos«, »Mylord«, »Phaeton« (9 PS)	1900
Benz »Dos-à-Dos«, »Mylord Coupé« (10 PS)	1901
Benz »Break« 8 Sitze	1899 - 1901
Benz »Break« 12 Sitze	1898 - 1900
Benz »Spider«, »Tonneau«	1900 - 1901
Benz »Elegant«, »Elegant Tonneau«, »Elegant Phaeton«	1900 - 1902
Benz »Tonneau«, »Phaeton« (9 PS)	1902
Benz »Tonneau«, »Phaeton« (12 PS)	1902
Benz »Tonneau«, »Phaeton« (15 PS)	1902
Benz »Tonneau«, »Phaeton« (20 PS)	1902
Benz »Velo« (»Velociped«) (1,5 PS)	1894 - 1898
Benz »Velo« (»Velociped«) (2,75 PS)	1896 - 1900
Benz »Velo« (»Velociped«) (3 PS)	1900
Benz »Comfortable« (2,75 PS)	1896 - 1900
Benz »Comfortable« (3 PS)	1900
Benz »Comfortable« (3,5 PS)	1901
Benz »Ideal« (3 PS)	1898
Benz »Ideal« (4,5 PS)	1899 - 1901
Benz »Ideal« (8 PS)	1902
Benz Parsifal 8/10 PS	1902 - 1903
Benz Parsifal 10/12 PS	1902 - 1903
Benz Parsifal 12/14 PS	1902 - 1903
Benz Parsifal 16/20 PS	1902 - 1903
Benz Parsifal 8 PS	1903 - 1904
Benz Parsifal 12 PS	1903 - 1905
Benz Parsifal 22 PS	1903 - 1905
Benz Parsifal 35 PS	1903 - 1904
Benz 18 PS (Kardanwagen)	1905 - 1907
Benz 18 PS (Kettenwagen)	1905 - 1907
Benz 28/30 PS (Kardanwagen)	1905 - 1908
Benz 28/30 PS (Kettenwagen)	1905 - 1908
Benz 35/40 PS (Kardanwagen)	1905 - 1907
Benz 35/40 PS (Kettenwagen)	1905 - 1907
Benz 50 PS, ab 1909: 28/50 PS (Kardanwagen)	1906 - 1910
Benz 50 PS, ab 1909: 28/50 PS (Kettenwagen)	1906 - 1910
Benz 60 PS, ab 1909: 35/60 PS	1906 - 1910
Benz 70 PS, 1909: 37/70 PS	1907 - 1909
Benz 24/40 PS (Kardanwagen)	1907 - 1910
Benz 24/40 PS (Kettenwagen)	1907 - 1910
Benz 20/35 PS (Kardanwagen)	1909 - 1910
Benz 20/35 PS (Kettenwagen)	1909 - 1910
Benz 25/45 PS (Kardanwagen)	1909 - 1912
Benz 25/45 PS (Kettenwagen)	1909 - 1912
Benz Prinz-Heinrich-Wagen	1908
Benz Prinz-Heinrich-Wagen	1910 - 1911
Benz 6/14 PS	1910
Benz 10/18 PS	1908 - 1910
Benz 10/20 PS	1909 - 1912
Benz 10/25 PS	1912
Benz 12/30 PS	1913 - 1914
Benz 8/18 PS	1910 - 1912
Benz 8/20 PS	1912 - 1918
Benz 8/20 PS	1914 - 1921
Benz 14/30 PS	1909 - 1922
Benz 10/30 PS	1912 - 1914
Benz 16/35 PS	1912
Benz 16/40 PS	1912
Benz 18/45 PS	1914 - 1921
Benz 25/55 PS	1912-15, 1918-20
Benz 29/60 PS	1909 - 1914
Benz 33/75 PS	1912 - 1918
Benz 21/50 PS	1914 - 1920
Benz 25/65 PS	1915 - 1918
Benz 39/100 PS	1912 - 1920
Benz 82/200 PS	1912 - 1914
Benz 6/18 PS	1918 - 1921
Benz 27/70 PS	1918 - 1923
Benz 11/40 PS	1923 - 1925
Benz 10/30 PS, ab 1926: Mercedes-Benz 10/35 PS	1921 - 1927
Benz 16/50 PS, ab 1926: Mercedes-Benz 16/50 PS	1921 - 1927
Benz 16/50 PS Sport	1923 - 1925
Daimler Motorwagen	1886
Daimler Stahlradwagen	1889
Daimler-Wagen mit Kettenantrieb (»Schroedter-Wagen«)	1892 - 1895
Daimler Motor-Kutsche (»Riemenwagen«) (2 PS)	1895 - 1899
Daimler Motor-Kutsche (»Riemenwagen«) (3 PS)	1895 - 1899
Daimler Motor-Kutsche (»Riemenwagen«) (4 PS)	1895 - 1899
Daimler Motor-Kutsche (»Riemenwagen«) (6 PS)	1895 - 1899
Daimler Motor-Kutsche (»Riemenwagen«) (7,5 - 8 PS)	1895 - 1899
Daimler Motor-Kutsche (»Phoenix-Wagen«) (4 PS)	1897 - 1902
Daimler Motor-Kutsche (»Phoenix-Wagen«) (6 PS)	1899 - 1902
Daimler Typ Mercedes 35 PS	1901
Daimler Typ Mercedes 8/11 PS	1902 - 1903
Daimler Typ Mercedes 12/16 PS	1902 - 1903
Daimler Typ Mercedes (Mercedes-Simplex) 18/22 PS	1901 - 1905
Mercedes-Simplex 28/32 PS	1901 - 1905
Mercedes-Simplex 38/40 PS	1901 - 1903
Mercedes-Simplex 40/45 PS, Mercedes 45 PS, 26/45 PS	1903 - 1910
Mercedes-Simplex 60 PS	1902 - 1905
Mercedes 36/65 PS	1905 - 1909
Mercedes 15/20 PS, 10/20 PS, 10/25 PS	1905 - 1915
Mercedes 35 PS, ab 1909: 22/35 PS	1905 - 1909
Mercedes 55 PS, ab 1909: 31/55 PS	1905 - 1909
Mercedes 37/65 PS, Mercedes 37/70 PS	1906 - 1910
Mercedes 39/75 PS, Mercedes 39/80 PS	1906 - 1910
Mercedes 8/18 PS, ab 1912: 8/20 PS	1910 - 1913
Mercedes 8/22 PS	1913 - 1921
Mercedes 12/32 PS	1915 - 1919
Mercedes 14/30 PS, ab 1912: 14/35 PS	1909 - 1915
Mercedes 22/40 PS	1910 - 1912
Mercedes 22/50 PS	1912 - 1920
Mercedes 28/50 PS, ab 1912: 28/60 PS	1910 - 1920
Mercedes 28/50 PS, ab 1912: 28/60 PS	1910 - 1920
Mercedes 38/70 PS, ab 1912: 38/80 PS	1910 - 1915
Mercedes 37/90 PS, Mercedes 37/95 PS	1910 - 1914
Mercedes 38/100 PS	1915
Mercedes 46/100 PS	1913
Mercedes 79/200 PS	1913
Mercedes 92/160 PS	1917 - 1918
Mercedes 16/45 PS	1917 - 1918
Mercedes 16/55 PS	1919 - 1920
Mercedes 24/85 PS	1919 - 1920
Daimler Krankenwagen Typ UK 1 mit 10/25 PS Motor	1912
Daimler Krankenwagen Typ UK 2 mit 14/35 PS Motor	1912
Daimler Krankenwagen Typ UK mit 12/32 PS Motor	1918 - 1919
Mercedes-Knight 10/30 PS	1912 - 1915
Mercedes-Knight 16/40 PS, 16/45 PS, 16/50 PS	1910 - 1924
Mercedes-Knight 25/65 PS	1912 - 1915
Daimler Krankenwg. Typ UK mit 10/30 PS Knight-Motor	1913 - 1918
Daimler Krankenwg. Typ UK mit 16/45 PS Knight-Motor	1920 - 1921
Mercedes 28/95 PS	1914-15, 1920-24
Mercedes 6/25/40 PS, ab 1924: 6/25/38 PS	1921 - 1925
Mercedes 6/40/65 PS Sport	1924
Mercedes 10/40/65 PS	1921 - 1924
Mercedes 15/70/100 PS, ab 1926: Merc.-Benz Typ 400	1924 - 1929
Mercedes 24/100/140 PS, ab 1926: Merc.-Benz Typ 630	1924 - 1929
Modell K 24/100/140 PS, ab 1928: K 24/110/160 PS	1926 - 1929
S 26/120/180 PS	1926 - 1930
SS 27/140/200 PS, ab 1930: SS 27/160/200 PS	1928 - 1932
SS 27/170/225 PS	1928 - 1934
SSK 27/140/200 PS, ab 1929: SSK 27/160/200 PS	1928 - 1932
SSK 27/170/225 PS	1928 - 1930
SSK 27/180/250 PS	1929 - 1930
SSKL 27/240/300 PS	1929 - 1932
8/38 PS	1926 - 1928
L 3/4 Lieferwagen	1927 - 1928

8/38 PS Typ Stuttgart 200	1928 - 1933
10/50 PS Typ Stuttgart 260	1929 - 1933
10/50 PS Typ Stuttgart 260 (mit langem Fahrgestell)	1933
10/50 PS Typ Stuttgart 260 Kübelwagen	1929 - 1935
L 1000 Expreß	1929 - 1936
12/55 PS Typ 300 (W 03)	1926 - 1927
12/55 PS Typ 300 (W 04)	1927 - 1928
12/55 PS Typ 320	1928
14/60 PS Typ 350	1928 - 1929
14/70 PS Typ Mannheim 350	1929 - 1930
15/75 PS Typ Mannheim 370	1929 - 1935
15/75 PS Typ Mannheim 370 K	1930 - 1933
15/75 PS Typ Mannheim 370 S	1930 - 1933
15/80 PS Typ Mannheim 380 S	1932 - 1933
15/85 PS Typ 380 S	1932 - 1933
18/80 PS Typ Nürburg 460	1928 - 1929
18/80 PS Typ Nürburg 460 K	1928 - 1929
18/80 PS Typ Nürburg 460	1929 - 1933
18/80 PS Typ Nürburg 460 K	1929 - 1933
19/100 PS Typ Nürburg 500	1931 - 1933
500 (Motor M 08 II)	1932 - 1936
500 (Motor M 08 III)	1936 - 1939
770 »Großer Mercedes« (Motor M 07 ohne Kompressor)	1930 - 1938
770 »Großer Mercedes« (Motor M 07 K mit Kompressor)	1930 - 1938
770 »Großer Mercedes«	1938 - 1943
770 »Großer Mercedes« (gepanzerte Sonderausf.)	1938 - 1943
170	1931 - 1936
L 300 Kastenwagen	1932 - 1935
200	1933 - 1936
200 lang	1934 - 1936
230	1936 - 1937
290	1933 - 1937
290 lang	1933 - 1937
380 (Motor M 22 ohne Kompressor)	1933 - 1934
380 (Motor M 22 K mit integriertem Kompressor)	1933 - 1934
380 (Motor M 22 I mit integriertem Kompressor)	1933 - 1934
380 (Motor M 22 mit angebautem Kompressor)	1933 - 1934
130	1934 - 1936
150	1934 - 1936
150 V	1934 - 1936
170 H	1936 - 1939
500 K (mit Normal-Fahrgestell)	1934 - 1936
500 K (Fahrgestell mit zurückgesetztem Motor)	1934 - 1936
500 K (Fahrgestell mit kurzem Radstand)	1934 - 1936
540 K (mit Normal-Fahrgestell)	1936 - 1939
540 K (Fahrgestell mit zurückgesetztem Motor)	1936 - 1939
540 K kurz	1936 - 1939
540 K (gepanzerte Sonderausführung)	1943 - 1944
540 K lang	1936
580 K (Prototyp 1939/40)	1939 - 1940
170 V	1936 - 1942
170 V Lieferwagen	1937 - 1942
170 VG	1939 - 1943
170 VS (50 PS)	1938 - 1939
170 VS (60 PS)	1938 - 1939
200 V (53 PS)	1938 - 1939
200 V (64 PS)	1938 - 1939
170 VK	1938 - 1942
170 VG	1935
170 VL	1936
260 D	1936 - 1937
260 D	1937 - 1940
230 n (W 143)	1937
230 (W 143)	1937 - 1941
230 (W 153, Motor M 143)	1938
230 (W 153, Motor M 153)	1939 - 1943
230 SV (Motor M 143)	1938
230 SV (Motor M 153)	1938 - 1939
320 n	1937 - 1938
320	1937 - 1938
320 (3,4 ltr.-Motor)	1938 - 1942
320 WK	1936 - 1949
340 WK	1939 - 1940
G 1	1926 - 1928
G 4	1934 - 1936
G 4	1937 - 1938
G 4	1938 - 1939
G 5	1937 - 1941
L 1500 A	1941 - 1943
5/25 PS (Prototyp 1926)	1926
5/25 PS (Prototyp 1928)	1928
130 VB (Prototyp 1936/37)	1936 - 1937
190 VB (Prototyp 1936/37)	1936 - 1937
260 VB (Prototyp 1936/37)	1936 - 1937
400 V (Prototyp 1938)	1938
600 V (Prototyp 1941/42)	1941 - 1942
600 K (Prototyp 1941/42)	1941 - 1942
600 K (Prototyp 1941/42)	1941 - 1942
170 V Pritschenwagen	1946 - 1949
170 V Kastenwagen	1946 - 1949
170 V Krankenwagen	1946 - 1948
170 V Krankenwagen (Aufbau Lueg)	1949 - 1950
170 V	05.47 - 05.50
170 Va	06.50 - 05.52
170 Va Krankenwagen (Aufbau Lueg)	1950 - 1952
170 Va Fahrgestell für Sonderaufbauten	1950 - 1952
170 Vb	05.52 - 08.53
170 Vb Fahrgestell für Sonderaufbauten	1952 - 1953
170 Vb Krankenwagen (Aufbau Lueg)	1952 - 1953
170 D	05.49 - 05.50
170 D OTP	1951 - 1952
170 Da	06.50 - 05.52
170 Da Krankenwagen (Aufbau Lueg)	1950 - 1952
170 Da Fahrgestell für Sonderaufbauten	1950 - 1952
170 Da Kasten-Lieferwagen	1951 - 1953
170 Db	05.52 - 10.53
170 Db Krankenwagen (Aufbau Lueg)	1952 - 1953
170 Db Fahrgestell für Sonderaufbauten	1952 - 1953
170 S	05.49 - 02.52
170 S Cabriolet A	05.49/11.49 - 11.51
170 S Cabriolet B	05.49/11.49 - 11.51
170 S Polizei-Streifenwagen	1950 - 1952
170 Sb	01.52 - 08.53
170 DS	01.52 - 08.53
170 S-V	07.53 - 02.55
170 S-V Krankenwagen (Aufbau Lueg)	1953 - 1955
170 S-V Fahrgestell für Sonderaufbauten	1953 - 1955
170 S-D	07.53 - 09.55
170 S-D Krankenwagen (Aufbau Lueg)	1953 - 1955
170 S-D Fahrgestell für Sonderaufbauten	1953 - 1955
220	04.51/07.51 - 05.54
220 Cabriolet A	04.51/08.51 - 08.55
220 Cabriolet B	04.51/07.51 - 05.53
220 Coupé	12.53 - 07.55
220 Offener Tourenwagen	05.52 - 04.53
300	04.51/11.51 - 04.54
300 Cabriolet D	04.51/03.52 - 04.54
300 b	03.54 - 08.55
300 b Cabriolet D	04.54 - 08.55
300 c	09.55 - 07.57
300 c Cabriolet D	09.55/12.55 - 06.56
300 c mit verlängertem Radstand	05.56-07.57
300 d	08.57/11.57 - 03.62
300 d Cabriolet D	07.58 - 02.62
300 d Sonderausführung mit verlängertem Radstand	12/60 - 02.61
300 S Cabriolet A	09.51/06.52 - 07.55
300 S Coupé	09.51/08.52 - 08.55
300 S Roadster	09.52 - 06.55
300 Sc Cabriolet A	01.56 - 07.57
300 Sc Coupé	09.55/12.55 - 04.58
300 Sc Roadster	01.56 - 02.58
180 D	10.53/02.54 - 07.59
180 Db	07.59 - 08.61
180 Dc	06.61 - 10.62
180	07.53 - 06.57
180 a	06.57 - 07.59
180 b	07.59 - 08.61
180 c	06.61 - 10.62
190 D	08.58 - 07.59
190 Db	06.59 - 09.61
190	03.56 - 08.59
190 b	06.59 - 08.61
180 D Fahrgestell mit 4türiger Teilkarosserie	1955 - 1959
180 D Fahrgestell mit 2türiger Teilkarosserie	1955 - 1959
180 Db Fahrgestell mit 4türiger Teilkarosserie	1959 - 1961
180 Db Fahrgestell mit 2türiger Teilkarosserie	1959 - 1961

180 Dc Fahrgestell mit 4türiger Teilkarosserie	1961 - 1962	300 SEb	08.65 - 12.67
180 Dc Fahrgestell mit 2türiger Teilkarosserie	1961 - 1962	300 SEL	09.65/03.66 - 12.67
180 Fahrgestell mit 4türiger Teilkarosserie	1955 - 1957	280 S	11.67/01.68 - 09.72
180 Fahrgestell mit 2türiger Teilkarosserie	1955 - 1957	280 SE	11.67/01.68 - 09.72
180 a Fahrgestell mit 4türiger Teilkarosserie	1957 - 1959	280 SE lang, ab 09.69: 280 SEL	01.68 - 04.71
180 a Fahrgestell mit 2türiger Teilkarosserie	1957 - 1959	300 SEL	12.67/02.68 - 01.70
180 b Fahrgestell mit 4türiger Teilkarosserie	1959 - 1961	280 SE 3.5	07.70/03.71 - 09.72
180 b Fahrgestell mit 2türiger Teilkarosserie	1959 - 1961	280 SEL 3.5	07.70/03.71 - 08.72
180 c Fahrgestell mit 4türiger Teilkarosserie	1961 - 1962	300 SEL 3.5	08.69/11.69 - 09.72
180 c Fahrgestell mit 2türiger Teilkarosserie	1961 - 1962	300 SEL 6.3	12.67 - 09.72
190 D Fahrgestell mit 4türiger Teilkarosserie	1958 - 1959	200 D/8	10.67/01.68 - 08.73
190 D Fahrgestell mit 2türiger Teilkarosserie	1958 - 1959	200 D/8	08.73 - 12.76
190 Db Fahrgestell mit 4türiger Teilkarosserie	1959 - 1961	220 D/8	07.67/01.68 - 08.73
190 Db Fahrgestell mit 2türiger Teilkarosserie	1959 - 1961	220 D/8	08.73 - 12.76
190 Fahrgestell mit 4türiger Teilkarosserie	1956 - 1959	220 D/8 lang	1968 - 1973
190 Fahrgestell mit 2türiger Teilkarosserie	1956 - 1959	240 D	02.73/08.73 - 12.76
190 b Fahrgestell mit 4türiger Teilkarosserie	1959 - 1961	240 D lang	1973 - 1976
190 b Fahrgestell mit 2türiger Teilkarosserie	1959 - 1961	240 D 3.0	03.74/10.74 - 11.76
220 a	03.54/06.54 - 04.56	200/8	10.67/01.68 - 08.73
219	03.56 - 07.59	200/8	08.73 - 12.76
220 S	03.56 - 08.59	220/8	10.67/02.68 - 08.73
220 SE	04.58/10.58 - 08.59	230.4	11.72/08.73 - 12.76
300 SL	08.54 - 05.57	230/8	09.67/01.68 - 08.73
300 SL Roadster	02.57/05.57 - 02.63	230.6	09.73 - 11.76
300 SL Roadster mit Coupé-Dach	10.58 - 02.63	230/8 lang	1968 - 1973
190 SL Roadster	01.55/05.55 - 02.63	230.6 lang	1973 - 1976
190 SL Coupé	01.55/05.55 - 02.63	250	07.67/12.67 - 05.72
220 S Coupé	10.56 - 10.59	250 (2,8 ltr.-Motor)	03.70/07.70 - 08.73
220 S Cabriolet	07.56 - 10.59	250 (2,8 ltr.-Motor)	08.73 - 07.76
220 SE Coupé	07.58/10.58 - 11.60	280	10.71/05.72 - 08.73
220 SE Cabriolet	07.58/10.58 - 11.60	280	08.73 - 09.76
220 b	05.59/08.59 - 08.65	280 E	01.71/04.72 - 08.73
220 Sb	05.59/08.59 - 07.65	280 E	08.73 - 09.76
220 SEb	08.59 - 08.65	250 C	10.68 - 05.72
300 SE	04.61 - 07.65	250 C (2,8 ltr.-Motor)	07.69 - 08.73
300 SE lang	12.62/03.63 - 08.65	250 C (2,8 ltr.-Motor)	08.73 - 06.76
230 S	07.65 - 01.68	250 CE	10.68 - 05.72
230 S Universal	1966 - 1968	280 C	12.71/06.72 - 08.73
230 S Fahrgestell für Sonderaufbauten	07.65 - 01.68	280 C	08.73 - 08.76
220 SEb Coupé	09.60/02.61 - 10.65	280 CE	04.71/05.72 - 08.73
220 SEb Cabriolet	09.61 - 10.65	280 CE	08.73 - 07.76
250 SE Coupé	08.65/09.65 - 12.67	Experimentalfahrzeug C 111 (1.Version)	04.69 - 09.69
250 SE Cabriolet	08.65/09.65 - 12.67	Experimentalfahrzeug C 111 (2.Version)	02.70 - 10.70
300 SE Coupé	02.62 - 12.67	280 SL	05.74/08.74 - 08.85
300 SE Cabriolet	02.62 - 12.67	350 SL	11.70/04.71 - 03.80
280 SE Coupé	11.67/02.68 - 05.71	450 SL	03.71/07.71 - 11.80
280 SE Cabriolet	11.67/02.68 - 05.71	380 SL	02.80/05.80 - 10.85
280 SE 3.5 Coupé	08.69/11.69 - 07.71	500 SL	04.80 - 09.85
280 SE 3.5 Cabriolet	08.69/11.69 - 07.71	300 SL	05.85/09.85 - 08.89
190 c	04.61 - 08.65	420 SL	07.85/11.85 - 08.89
190 Dc	04.61/06.61 - 08.65	500 SL	09.85 - 08.89
200	07.65 - 02.68	560 SL	06.85/09.85 - 08.89
200 D	07.65 - 02.68	280 SLC	05.74/08.74 - 09.81
230	07.65 - 02.68	350 SLC	06.71/02.72 - 03.80
200 D 7 Sitze	1967	450 SLC	02.72/07.72 - 10.80
190 Dc Universal	1965	450 SLC 5.0	09.77/05.78 - 03.80
200 D Universal	1966 - 1968	380 SLC	02.80/05.80 - 09.81
200 Universal	1966 - 1968	500 SLC	03.80 - 09.81
230 Universal	1966 - 1968	280 S	08.72/09.72 - 07.80
190 c Fahrgestell für Sonderaufbauten	1961 - 1965	280 SE	08.72/09.72 - 07.80
190 Dc Fahrgestell für Sonderaufbauten	1961 - 1965	280 SEL	10.73/04.74 - 05.80
200 Fahrgestell für Sonderaufbauten	1965 - 1968	350 SE	03.72/08.72 - 09.80
200 D Fahrgestell für Sonderaufbauten	1965 - 1968	350 SEL	09.73/11.73 - 06.80
230 Fahrgestell für Sonderaufbauten	1965 - 1968	450 SE	08.72/12.72 - 04.80
200 D Fahrgestell mit verlängertem Radstand	1965 - 1968	450 SEL	12.72/02.73 - 06.80
230 Fahrgestell mit verlängertem Radstand	1965 - 1968	450 SEL 6.9	02.75/09.75 - 05.80
230 SL	03.63/07.63 - 01.67	300 SD	02.77/05.78 - 09.80
250 SL	11.66/12.66 - 01.68	200 D	07.75/02.76 - 04.85
280 SL	11.67/01.68 - 03.71	220 D	07.75/02.76 - 03.79
600	07.63/09.64 - 06.81	240 D	07.75/02.76 - 11.85
600 Pullman-Limousine (4 Türen)	08.63/11.64 - 05.81	300 D	07.75/02.76 - 11.85
600 Pullman-Limousine (6 Türen)	09.64 - 05.81	300 D Turbodiesel	04.81/08.81 - 08.85
600 Pullman-Landaulet (4 Türen)	05.65 - 03.81	200	07.75/02.76 - 08.80
600 Pullman-Landaulet (6 Türen)	05.67 - 01.81	200	10.79/08.80 - 11.85
600 Landaulet	05.67	230	07.75/02.76 - 08.80
600 Coupé	08.65	230 E	10.79/07.80 - 11.85
250 S	07.65/09.65 - 03.69	250	07.75/04.76 - 12.85
250 SE	08.65/09.65 - 01.68	280	07.75/12.75 - 07.81

280 E	07.75/12.75 - 12.85
240 D lang	09.77 - 11.85
300 D lang	09.77 - 11.85
250 lang	09.77 - 12.85
280 E lang	10.77 - 12.85
230 C	11.76/06.77 - 06.80
230 CE	02.80/04.80 - 08.85
280 C	11.76/04.77 - 03.80
280 CE	10.76/04.77 - 08.85
300 CD	05.77/09.77 - 08.81
300 CD Turbodiesel	07.81 - 08.85
240 TD	02.78/05.78 - 01.86
300 TD	09.77/05.78 - 01.86
300 TD Turbodiesel	11.79/10.80 - 01.86
200 T	05.80/11.80 - 01.86
230 T	02.78/05.78 - 04.80
230 TE	10.79/04.80 - 01.86
250 T	09.77/05.78 - 08.82
280 TE	09.77/05.78 - 01.86
240 GD (kurzer Radstand)	1979 - 1991
240 GD (langer Radstand)	1979 - 1991
250 GD (kurzer Radstand)	1987 - 1992
250 GD (langer Radstand)	1987 - 1992
300 GD (kurzer Radstand)	1979 - 1991
300 GD (langer Radstand)	1979 - 1991
230 G (kurzer Radstand)	1979 - 1989
230 G (langer Radstand)	1979 - 1989
230 GE (kurzer Radstand)	1982 - 1991
230 GE (langer Radstand)	1982 - 1991
200 GE (kurzer Radstand)	1986 - 1991
200 GE (langer Radstand)	1986 - 1991
280 GE (kurzer Radstand)	1979 - 1991
280 GE (langer Radstand)	1979 - 1991
230 GE (kurzer Radstand)	1991 - 1996
230 GE (langer Radstand)	1991 - 1996
290 GD (kurzer Radstand)	1991 - 1997
290 GD (langer Radstand)	1991 - 1997
250 GD (kurzer Radstand)	1989 - 1992
250 GD (langer Radstand)	1989 - 1992
300 GD, ab 09.93: G 300 Diesel (kurzer Radstand)	1989 - 1994
300 GD, ab 09.93: G 300 Diesel (langer Radstand)	1989 - 1994
350 GD Turbo, ab 09.93: G 350 Turbo (kurzer Radstand)	1991 - 1996
350 GD Turbo, ab 09.93: G 350 Turbo (langer Radstand)	1991 - 1996
G 300 Turbodiesel (kurzer Radstand)	1996 - 2000
G 300 Turbodiesel (langer Radstand)	1996 - 2000
200 GE, ab 09.93: G 200 (kurzer Radstand)	1989 - 1994
200 GE, ab 09.93: G 200 (langer Radstand)	1989 - 1994
230 GE, ab 09.93: G 230 (kurzer Radstand)	1989 - 1994
230 GE, ab 09.93: G 230 (langer Radstand)	1989 - 1994
300 GE, ab 09.93: G 300 (kurzer Radstand)	1989 - 1996
300 GE, ab 09.93: G 300 (langer Radstand)	1989 - 1996
500 GE V8	1993 - 1994
G 320 (kurzer Radstand)	1994 - 1997
G 320 (langer Radstand)	1994 - 1997
280 S	04.79/12.79 - 11.85
280 SE	02.79/12.79 - 09.85
280 SEL	12.79/06.80 - 09.85
380 SE	05.79/01.80 - 11.85
380 SEL	10.79/06.80 - 09.85
500 SE	09.79/01.80 - 09.85
500 SEL	09.79/06.80 - 09.85
300 SD Turbodiesel	09.79/10.80 - 08.85
260 SE	06.85/10.85 - 02.91
300 SE	08.85/09.85 - 10.91
300 SEL	08.85/09.85 - 08.91
420 SE	06.85/09.85 - 12.91
420 SEL	06.85/10.85 - 10.91
500 SE	09.85 - 08.91
500 SEL	09.85 - 02.92
560 SE	04.88 - 01.91
560 SEL	09.85/10.85 - 04.92
560 SEL (ECE-Version)	09.85/10.85 - 09.87
300 SDL Turbodiesel	02.85 - 09.87
350 SD Turbodiesel	06.90 - 08.91
350 SDL Turbodiesel	06.90 - 08.91
380 SEC	09.80/10.81 - 09.85
500 SEC	07.80/10.81 - 09.85
420 SEC	08.85/10.85 - 10.91
500 SEC	09.85 - 09.91
560 SEC	06.85/10.85 - 10.91
560 SEC (ECE-Version)	06.85/10.85 - 09.87
190 D	08.82/11.83 - 08.88
190 D	09.88 - 08.93
190 D 2.2	02.83/11.83 - 08.85
190 D 2.5	08.84/06.85 - 08.88
190 D 2.5	09.88 - 08.93
190 D 2.5 Turbo	02.86 - 08.88
190 D 2.5 Turbo	09.88 - 08.93
190	02.82/10.82 - 09.84
190	08.84/10.84 - 08.88
190	09.88 - 01.91
190 E	02.82/10.82 - 08.88
190 E, ab 01.91: 190 E 2.0	09.88 - 08.93
190 E 2.3	03.83/09.83 - 08.88
190 E 2.3	09.88 - 08.93
190 E 2.6	04.86 - 08.88
190 E 2.6	09.88 - 08.93
190 E 1.8	01.90/03.90 - 08.93
190 E 2.3-16	09.83/09.84 - 06.88
190 E 2.5-16	07.88 - 06.93
190 E 2.5-16 Evolution	02.89/03.89 - 05.89
190 E 2.5-16 Evolution II	01.90/05.90 - 07.90
200 D	05.84/01.85 - 08.89
200 D	09.89 - 07.93
E 200 Diesel	07.93 - 08.95
250 D	11.84/05.85 - 08.89
250 D	09.89 - 07.93
E 250 Diesel	12.92/07.93 - 06.96
250 D Turbo	03.88/08.88 - 08.89
250 D Turbo	09.89 - 07.93
E 250 Turbodiesel	07.93 - 06.95
300 D	03.84/01.85 - 08.89
300 D	09.89 - 07.93
E 300 Diesel	12.92/07.93 - 08.95
300 D 4MATIC	12.85/03.87 - 08.89
300 D 4MATIC	09.89 - 06.91
300 D Turbo	05.85/04.86 - 08.89
300 D Turbo	09.89 - 07.93
E 300 Turbodiesel	07.93 - 06.95
300 D Turbo 4MATIC	10.87/03.88 - 08.89
300 D Turbo 4MATIC	09.89 - 07.93
E 300 Turbodiesel 4MATIC	07.93 - 03.95
200	03.84/01.85 - 08.89
200	09.89 - 06.90
200 E	01.85/07.85 - 08.89
200 E	09.89 - 10.92
200 E	07.92/09.92 - 07.93
E 200	07.93 - 08.95
230 E	03.84/01.85 - 08.89
230 E	09.89 - 10.92
220 E	05.92/09.92 - 07.93
E 220	07.93 - 06.96
260 E	08.84/09.85 - 08.89
260 E	09.89 - 10.92
260 E 4MATIC	09.89 - 06.91
260 E 4MATIC	10.86/04.87 - 08.89
280 E	06.92/09.92 - 07.93
E 280	07.93 - 08.95
300 E	04.84/04.85 - 08.89
300 E	09.89 - 11.92
300 E 4MATIC	12.85/04.87 - 08.89
300 E 4MATIC	09.89 - 07.93
E 300 4MATIC	07.93 - 04.95
300 E-24	03.88/08.89 - 10.92
320 E	06.92/09.92 - 07.93
E 320	07.93 - 08.95
400 E	05.91/09.91 - 07.93
E 420	07.93 - 06.95
500 E	09.90/02.91 - 07.93
E 500	07.93 - 04.95
E 60 AMG	07.93 - 04.95
250 D lang	10.89/05.90 - 07.93
E 250 Diesel lang	02.93/08.93 - 07.94
260 E lang	09.89/05.90 - 09.92
280 E lang	09.92/11.92 - 07.93
E 280 lang	07.93 - 07.94

250 D Fahrgestell mit verlängertem Radstand	07.85 - 08.89	300 SD; ab 06.93: S 350 Turbodiesel	09.90/10.91 - 03.94
250 D Fahrgestell mit verlängertem Radstand	09.89 - 07.93	S 350 Turbodiesel	03.94 - 08.96
E 250 Diesel Fahrgestell mit verlängertem Radstand	06.93 - 10.95	S 300 Turbodiesel	06.95/06.96 - 08.98
230 E Fahrgestell mit verlängertem Radstand	02.86 - 08.89	300 SE 2.8; ab 06.93: S 280	09.92/01.93 - 03.94
230 E Fahrgestell mit verlängertem Radstand	09.89 - 10.92	S 280	03.94 - 08.98
260 E Fahrgestell mit verlängertem Radstand	08.86 - 08.89	300 SE; ab 06.93: S 320	01.91/04.91 - 03.94
260 E Fahrgestell mit verlängertem Radstand	09.89 - 10.92	S 320	03.94 - 09.98
280 E Fahrgestell mit verlängertem Radstand	09.92 - 07.93	300 SEL; ab 06.93: S 320 lang	01.91/04.91 - 03.94
E 280 Fahrgestell mit verlängertem Radstand	07.93 - 09.95	400 SE; ab 06.93: S 420	08.90/04.91 - 03.94
200 TD	10.85/11.85 - 08.89	S 320 lang	03.94 - 09.98
200 TD	09.89 - 06.91	S 420	03.94 - 08.98
250 TD	06.85/10.85 - 08.89	400 SEL; ab 06.93: S 420 lang	08.90/04.91 - 03.94
250 TD	09.89 - 07.93	S 420 lang	03.94 - 09.98
E 250 Diesel T-Limousine	12.92/07.93 - 02.96	500 SE; ab 06.93: S 500	07.90/04.91 - 03.94
250 TD Turbo	03.90/06.90 - 07.93	S 500	03.94 - 08.98
E 250 Turbodiesel T-Limousine	07.93 - 01.96	500 SEL; ab 06.93: S 500 lang	07.90/04.91 - 03.94
300 TD	03.86/08.86 - 08.89	S 500 lang	03.94 - 09.98
300 TD	09.89 - 08.93	600 SE; ab 06.93: S 600	10.90/04.91 - 03.94
E 300 Diesel T-Limousine	12.92/07.93 - 02.96	S 600	03.94 - 07.98
300 TD Turbo	05.85/06.86 - 08.89	600 SEL; ab 06.93: S 600 lang	08.90/04.91 - 03.94
300 TD Turbo	09.89 - 07.93	S 600 lang	03.94 - 09.98
E 300 Turbodiesel T-Limousine	07.93 - 02.96	S 420 Coupé	02.94 - 05.96
300 TD Turbo 4MATIC	09.86/08.87 - 08.89	CL 420	06.96 - 08.98
300 TD Turbo 4MATIC	09.89 - 07.93	500 SEC; ab 06.93: S 500 Coupé	02.92/10.92 - 05.96
E 300 Turbodiesel 4MATIC T-Limousine	07.93 - 03.95	CL 500	06.96 - 08.98
200 T	03.85/11.85 - 08.89	600 SEC; ab 06.93: S 600 Coupé	03.92/10.92 - 05.96
200 T	09.89 - 05.90	CL 600	06.96 - 09.98
200 TE	07.88/10.88 - 08.89	C 200 Diesel	08.92/02.93 - 10.95
200 TE	09.89 - 10.92	C 220 Diesel	10.92/08.93 - 06.97
200 TE	07.92/09.92 - 07.93	C 250 Diesel	09.92/06.93 - 07.96
E 200 T-Limousine	07.93 - 02.96	C 250 Turbodiesel	09.95 - 06.97
230 TE	04.85/10.85 - 08.89	C 180	09.92/03.93 - 06.97
230 TE	09.89 - 10.92	C 200	03.93/01.94 - 06.97
220 TE	06.92/09.92 - 07.93	C 200 Kompressor	09.95 - 06.97
E 220 T-Limousine	07.93 - 02.96	C 220	09.92/03.93 - 08.96
280 TE	07.92/09.92 - 07.93	C 230	10.95/05.96 - 06.97
E 280 T-Limousine	07.93 - 02.96	C 230 Kompressor	06.95/09.95 - 06.97
300 TE	05.85/11.85 - 08.89	C 280	09.92/05.93 - 07.97
300 TE	09.89 - 10.92	C 36 AMG	09.93 - 06.97
300 TE 4MATIC	08.86/04.87 - 08.89	E 220 Diesel	11.94/05.95 - 06.97
300 TE 4MATIC	09.89 - 07.93	E 250 Diesel	06.95 - 07.99
E 300 4MATIC T-Limousine	07.93 - 04.95	E 290 Turbodiesel	01.95/03.96 - 06.99
300 TE-24	06.89/09.89 - 10.92	E 300 Diesel	08.94/08.95 - 03.97
320 TE	07.92/09.92 - 07.93	E 200	08.94/05.95 - 07.99
E 320 T-Limousine	07.93 - 02.96	E 230	07.94/05.95 - 06.98
E 36 AMG T-Limousine	09.93 - 05.96	E 280	08.95/01.96 - 03.97
200 CE	03.90/06.90 - 12.92	E 320	06.94/06.95 - 06.97
200 CE	07.92/09.92 - 07.93	E 420	06.95/02.96 - 02.98
E 200 Coupé	07.93 - 03.96	E 50 AMG	01.97 - 08.97
230 CE	07.86/04.87 - 08.89	C 220 Diesel T-Limousine	04.95/02.96 - 06.97
230 CE	09.89 - 09.92	C 250 Turbodiesel T-Limousine	06.95/02.96 - 06.97
220 CE	06.92/09.92 - 07.93	C 180 T-Limousine	06.95/02.96 - 06.97
E 220 Coupé	07.93 - 03.96	C 200 T-Limousine	03.95/02.96 - 06.97
300 CE	08.86/04.87 - 08.89	C 230 T-Limousine	10.95/04.96 - 06.97
300 CE	09.89 - 10.92	E 250 Diesel T-Limousine	05.96 - 06.99
300 CE-24	03.88/08.89 - 11.92	E 290 Turbodiesel T-Limousine	12.95/04.96 - 07.99
320 CE	07.92/09.92 - 07.93	E 200 T-Limousine	08.95/04.96 - 07.99
E 320 Coupé	07.93 - 03.96	E 230 T-Limousine	05.95/04.96 - 01.98
E 36 AMG Coupé	09.93 - 05.96	E 420 T-Limousine	01.96/04.96 - 09.97
300 CE-24 Cabriolet	08.90/03.92 - 07.93	SLK 200	10.95/09.96 - 02.00
E 200 Cabriolet	01.93/07.93 - 7/97	SLK 200 Kompressor	11.95/11.96 - 02.00
E 220 Cabriolet	12.92/06.93 - 7/97	SLK 230 Kompressor	10.95/09.96 - 02.00
E 320 Cabriolet	07.92/09.92 - 6/97	V 230 Turbodiesel	09.96 - 02.99
E 36 AMG Cabriolet	09.93 - 06.97	V 200	07.96 - 01.99
300 SL	05.88/03.89 - 06.93	V 230	08.96 - 02.99
300 SL-24	07.88/03.89 - 06.93	CLK 200	04.97 - 08.99
SL 280	02.93/07.93 - 08.95	CLK 230 Kompressor	04.97 - 08.99
SL 280	09.95 - 06.98	CLK 320	05.97 - 08.99
SL 320	02.93/06.93 - 08.95	A 140	09.97 - 03.01
SL 320	09.95 - 06.98	A 160	09.97 - 03.01
500 SL, ab 07.93: SL 500	06.88/03.89 - 08.95	E 200 Diesel	04.96/06.96 - 07.98
SL 500	09.95 - 06.98	E 200 CDI	06.98 - 07.99
600 SL, ab 07.93: SL 600	08.91/07.92 - 08.95	E 200 CDI	07.99 - 03.02
SL 600	09.95 - 06.98	E 220Diesel	11.94/05.95 - 06.99
SL 60 AMG	01.93 - 01.96	E 220 CDI	01.98/06.98 - 07.99
SL 60 AMG	04.96 - 06.98	E 220 CDI	07.99 - 03.02
Experimentalfahrzeug F 100	1990 - 1991	E 250 Diesel	06.95 - 07.99
Experimentalfahrzeug C 112	1990 - 1991	E 250 Turbodiesel	07.97/09.97 - 07.99

E 270 CDI	12.98/07.99 - 03.02
E 290 Turbodiesel	01.95/03.96 - 06.99
E 300 Diesel	08.94/05.95 - 03.97
E 300 Turbodiesel	09.96/04.97 - 07.99
E 320 CDI	01.99/08.99 - 03.02
E 200	08.94/05.95 - 07.99
E 200	07.99 - 06.00
E 200 Kompressor	03.97/08.97 - 07.99
E 200 Kompressor	07.99 - 06.00
E 200	02.00/05.00 - 03.02
E 230	07.94/05.95 - 06.98
E 240	04.96/08.97 - 07.99
E 240	07.99 - 06.00
E 240 (2,6-l-Motor)	11.99/05.00 - 03.02
E 280	08.95/12.95 - 03.97
E 280 (V6-Motor)	03.96/02.97 - 07.99
E 280	07.99 - 03.02
E 280 4MATIC	07.96/02.97 - 07.99
E 280 4MATIC	07.99 - 03.02
E 320	06.94/05.95 - 06.97
E 320 (V6-Motor)	01.96/02.97 - 07.99
E 320	07.99 - 03.02
E 320 4MATIC	07.96/06.97 - 07.99
E 320 4MATIC	07.99 - 03.02
E 420	06.95/02.96 - 02.98
E 430	04.96/08.97 - 07.99
E 430	07.99 - 03.02
E 430 4MATIC	04.99/08.99 - 03.02
E 50 AMG	01.96 - 08.97
E 55 AMG	08.97/10.97 - 07.99
E 55 AMG	07.99 - 03.02
E 55 AMG 4MATIC	11.99 - 03.02
E 320 (Sonderschutz-Ausführung B4)	05.98 - 07.99
E 320 Guard (Sonderschutz-Ausführung B4)	seit 07.99
E 420 (Sonderschutz-Ausführung B4)	06.97 - 10.97
E 420 (Sonderschutz-Ausführung B6)	04.95 - 10.97
E 430 (Sonderschutz-Ausführung B4)	10.97 - 07.99
E 430 Guard (Sonderschutz-Ausführung B4)	seit 07.99
E 430 (Sonderschutz-Ausführung B6)	10.97 -07.99
E 430 Guard (Sonderschutz-Ausführung B6)	seit 07.99
E 320 lang	05.96 - 03.03
E 220 CDI Fahrgestell mit verlängertem Radstand	06.98 -07.99
E 220 CDI Fahrgestell mit verlängertem Radstand	seit 07.99
E 250 Diesel Fahrgestell mit verlängertem Radstand	07.96 - 06.98
E 270 CDI Fahrgestell mit verlängertem Radstand	seit 07.99
E 290 Turbodiesel Fahrgestell mit verlängertem Radstand	02.96/07.96 - 07.99
E 280 Fahrgestell mit verlängertem Radstand	03.97 - 07.99
E 280 Fahrgestell mit verlängertem Radstand	seit 07.99
G 320 (V6-Motor, kurzer Radstand)	5.97/11.97 - 11.00
G 320 (V6-Motor, langer Radstand)	4.97/10.97 - 10.00
C 200 Diesel T-Modell	06.96 - 06.97
C 200 Diesel T-Modell	06.97 - 06.98
C 200 CDI T-Modell	06.98 - 01.01
C 220 Diesel T-Modell	04.95/02.96 - 06.97
C 220 Diesel T-Modell	06.97 - 05.99
C 220 CDI T-Modell	05.97/01.98 - 01.01
C 250 Turbodiesel T-Modell	06.95/02.96 - 06.97
C 250 Turbodiesel T-Modell	06.97 - 11.00
C 180 T-Modell	06.95/02.96 - 06.97
C 180 T-Modell	06.97 - 06.00
C 180 T-Modell (2,0-l-Motor)	06.00/08.00 - 01.01
C 200 T-Modell	03.95/02.96 - 06.97
C 200 T-Modell	06.97 - 06.00
C 200 Kompressor T-Modell	09.96 - 06.97
C 200 Kompressor T-Modell	03.00/05.00 - 01.01
C 200 Kompressor T-Modell	06.97 - 06.00
C 230 T-Modell	10.95/04.96 - 06.97
C 230 T-Modell	07.97 - 02.98
C 230 Kompressor T-Modell	06.97 -06.00
C 240 T-Modell	11.96/06.97 - 06.00
C 240 T-Modell (2,6-l-Motor)	03.00/05.00 - 01.01
C 280 T-Modell	11.96/06.97 - 11.00
C 43 AMG T-Modell	09.97 - 07.00
C 55 AMG T-Modell	07.98 - 00
SLK 200	10.95/07.96 - 02.00
SLK 200 Kompressor	07.96 - 02.00
SLK 230 Kompressor	06.99 - 02.04
SLK 320	06.99 - 02.04

SLK 32 AMG	06.99 - 02.04
SLK 3.2 V6	01.00 - 10.03
SLK 32 AMG	06.01 - 10.03
E 220 CDI T-Modell	01.98/06.98 - 07.99
E 220 CDI T-Modell	07.99 - 01.03
E 250 Diesel T-Modell	05.96 - 06.99
E 250 Turbodiesel T-Modell	07.97/09.97 - 07.99
E 270 CDI T-Modell	02.99/07.99 - 01.03
E 290 Turbodiesel T-Modell	12.95/04.96 - 07.99
E 300 Turbodiesel T-Modell	09.96/04.97 - 07.99
E 320 CDI T-Modell	02.99/08.99 - 01.03
E 200 T-Modell	08.95/04.96 - 07.99
E 200 T-Modell	07.99 - 06.00
E 200 Kompressor T-Modell	03.97/08.97 - 07.99
E 200 Kompressor T-Modell	07.99 - 06.00
E 200 T-Modell	07.99 - 06.00
E 230 T-Modell	05.95/04.96 - 01.98
E 240 T-Modell	10.96/08.97 - 07.99
E 240 T-Modell	07.99 - 06.00
E 240 T-Modell (2,6-l-Motor)	07.99 - 06.00
E 280 T-Modell	02.99/07.99 - 01.03
E 280 4MATIC T-Modell	07.96/02.97 - 07.99
E 280 4MATIC T-Modell	07.99 - 01.03
E 320 T-Modell	02.96/03.97 - 07.99
E 320 T-Modell	07.99 - 01.03
E 320 4MATIC T-Modell	07.96/06.97 - 07.99
E 320 4MATIC T-Modell	07.99 - 01.03
E 420 T-Modell	01.96/04.96 - 09.97
E 430 T-Modell	10.96/08.97 - 07.99
E 430 T-Modell	07.99 - 01.03
E 430 4MATIC T-Modell	04.99/08.99 - 01.03
E 55 AMG T-Modell	02.98/04.98 - 07.99
E 55 AMG T-Modell	07.99 - 01.03
E 55 AMG 4MATIC T-Modell	11.99 - 01.03
V 200 CDI	seit 01.99
V 220 CDI	seit 04.98/01.99
V 230 Turbodiesel	11.94/08.96 - 02.99
V 200	07.96 - 01.99
V 200	seit 01.99
V 230	11.94/08.96 - 02.99
V 230	seit 01.99
V 280	11.96/07.97 - 01.99
V 280	seit 01.99
CLK 200	08.96/04.97 - 08.99
CLK 200	08.99 - 06.00
CLK 200 Kompressor	03.97 - 08.99
CLK 200 Kompressor	08.99 - 06.00
CLK 200 Kompressor	03.00/05.00 - 05.02
CLK 230 Kompressor	09.96/04.97 - 08.99
CLK 230 Kompressor	08.99 - 06.00
CLK 230 Kompressor	03.00/05.00 - 05.02
CLK 320	12.96/05.97 - 08.99
CLK 320	08.99 - 05.02
CLK 430	02.98/06.98 - 08.99
CLK 430	08.99 - 05.02
CLK 55 AMG	06.99/10.99 - 05.02
ML 270 CDI	06.99/12.99 - 07.01
ML 270 CDI	seit 08.01
ML 400 CDI	seit 04.01/09.01
ML 230	03.98 - 03.00
ML 320	05.97/07.97 - 07.01
ML 320	seit 07.01
ML 430	04.98/07.98 - 06.01
ML 500	seit 03.01/08.01
ML 55 AMG	05.99/12.99 - 07.01
ML 55 AMG	seit 07.01
ML 350	seit 10.02
ML 400 CDI	seit 10.02
A 160 CDI	02.97/10.98 - 02.01
A 160 CDI	seit 08.00/02.01
A 170 CDI	10.96/07.98 - 03.01
A 170 CDI	seit 09.00/02.01
A 170 CDI lang	seit 08.00/03.01
A 140	10.96/09.97 - 03.01
A 140	seit 03.01
A 140 lang	seit 09.00/03.01
A 160	10.96/09.97 - 03.01
A 160	seit 03.01

A 160 lang	seit 08.00/03.01
A 190	04.98/04.99 - 03.01
A 190	seit 03.01
A 190 lang	seit 07.00/03.01
A 210 EVOLUTION	seit 07.01/01.02
A 210 EVOLUTION lang	seit 07.01/01.02
S 320 CDI	12.97/11.99 - 08.02
S 400 CDI	02.99/07.00 - 08.02
S 400 CDI lang	04.99/08.00 - 08.02
S 280	04.97/12.98 - 08.02
S 320	05.97/07.98 - 08.02
S 320 lang	05.97/07.98 - 08.02
S 430	04.97/09.98 - 08.02
S 430 lang	04.97/09.98 - 08.02
S 500	04.97/09.98 - 08.02
S 500 lang	05.97/07.98 - 08.02
S 600 lang	09.97/01.00 - 08.02
S 55 AMG	seit 03.99
S 55 AMG lang	seit 03.99
S 63 AMG lang	seit 09.01
S 500 Pullman	seit 10.00
S 600 Pullman	seit 09.00
S 500 Guard (Sonderschutz-Ausführung B4)	seit 2000
S 500 Guard (Sonderschutz-Ausführung B6/B7)	seit 2000
S 600 Guard (Sonderschutz-Ausführung B4)	seit 2000
S 500 Guard (Sonderschutz-Ausführung B6/B7)	seit 2000
S 320 CDI 4matik	seit 10.02
S 400 CDI 4matik	seit 10.02
S 280 4matik	seit 10.02
S 320 4matik	seit 10.02
S 430 4matik	seit 10.02
S 500 4matik	seit 10.02
S 600 L V12 Biturbo	seit 10.02
CLK 200 Cabriolet	11.97/05.98 - 08.99
CLK 200 Cabriolet	08.99 - 06.00
CLK 200 Kompressor Cabriolet	03.98 - 08.99
CLK 200 Kompressor Cabriolet	08.99 - 06.00
CLK 230 Kompressor Cabriolet	11.97/05.98 - 08.99
CLK 230 Kompressor Cabriolet	08.99 - 06.00
CLK 320 Cabriolet	11.97/05.98 - 08.99
CLK 320 Cabriolet	08.99 - 02/02
CLK 430 Cabriolet	11.97/07.99 - 02/02
CLK 55 AMG Cabriolet	07.99 - 02.02
MCC smart cdi city-coupé	07.99/11.99 - 02.02
MCC smart cdi city-coupé	seit 03.02
MCC smart & pure city-coupé (33 kW)	07.98 - 02.02
MCC smart & pure city-coupé (33 kW)	seit 03.02
MCC smart & pure city-coupé (40 kW)	01.01 - 02.02
MCC smart & pure city-coupé (40 kW)	seit 03.02
MCC smart & pulse city-coupé	07.98 - 02.02
MCC smart & pulse city-coupé	seit 03.02
MCC smart & passion city-coupé	11.98 - 02.02
MCC smart & passion city-coupé	seit 03.02
MCC smart cdi cabrio	seit 01.01
MCC smart cabrio & pure	seit 01.01
MCC smart cabrio & pulse	seit 06.99/01.00
MCC smart cabrio & passion	seit 06.99/01.00
smart crossblade	03.01 - 12.01
smart roadster	seit 02.03
smart coupé	seit 02.03
smart forfour 1,1	seit 02.04
smart forfour 1,3	seit 02.04
smart forfour 1,5	seit 02.04
smart forfour 1,5 Diesel (50kW)	seit 02.04
smart forfour 1,5 Diesel (70 kW)	seit 02.04
CL 500	06.98/08.99 -09.02
CL 600	07.98/01.00 - 09.02
CL 55 AMG	09.99 - 09.02
CL 63 AMG	seit 09.01
CL 55 AMG (500 PS)	seit 10.02
CL 600 V12 Biturbo	seit 10.02
CL 65 AMG	seit 10.03
C 220 CDI Sportcoupé	seit 11.99/11.00
C 180 Sportcoupé	seit 08.99/12.00
C 200 Kompressor Sportcoupé	seit 09.99/10.00
C 230 Kompressor Sportcoupé	seit 02.00/02.01
C 30 CDI Sportcoupé	seit 10.02
C 32 AMG Sportcoupé	seit 10.02
C 200 CDI	seit 06.99/07.00
C 220 CDI	seit 03.99/03.00
C 270 CDI	seit 06.99/11.00
C 180	seit 06.99/08.00
C 200 Kompressor	seit 03.99/02.00
C 240	seit 04.99/02.00
C 320	seit 08.99/03.00
C 32 AMG	seit 10.00/04.01
G 320 (kurzer Radstand)	seit 07.00/02.01
G 320 (langer Radstand)	seit 07.00/02.01
SL 500	seit 09.00/07.01
SL 55 AMG	seit 06.01/12.01
SL 55 AMG (500 PS)	seit 10.02
SL 600	seit 10.02
SL 350	seit ???
C 200 CDI T-Modell	seit 05.00/02.01
C 220 CDI T-Modell	seit 08.00/01.01
C 270 CDI T-Modell	seit 04.00/01.01
C 180 T-Modell	seit 06.00/01.01
C 200 Kompressor T-Modell	seit 04.00/01.01
C 240 T-Modell	seit 05.00/01.01
C 320 T-Modell	seit 06.00/01.01
C 32 AMG T-Modell	seit 12.00/04.01
C 180 Kompressor	seit 09.02
C 30 CDI	seit 09.02
C 240 4matik	seit 09.02
C 320 4matik	seit 09.02
E 220 CDI	seit 02.01/01.02
E 270 CDI	seit 02.01/01.02
E 240	seit 02.01/01.02
E 320	seit 03.01/01.02
E 500	seit 01.01/01.02
Vaneo CDI	seit 09.01/12.01
Vaneo CDI 1.7	seit 10.01/12.01
Vaneo	seit 10.01/12.01
Vaneo 1.6	seit 10.01/12.01
Vaneo 1.9	seit 10.01/12.01
CLK 270 CDI	seit 04.01/02
CLK 200 Kompressor	seit 04.01/02
CLK 200 CGI	seit 05.01/02
CLK 240	seit 03.01/01.02
CLK 320	seit 02.01/01.02
CLK 500	seit 06.01/02.02
CLK 55 AMG	seit 2002
E 240	seit 04.02
E 320	seit 04.02
E 500	seit 04.02
E 220 CDI	seit 04.02
E 270 CDI	seit 04.02
E 200 Kompressor	seit 07.02
E 55 AMG	seit 07.02
E 200 Kompressor T-Modell	seit 03.03
E 240 T-Modell	seit 03.03
E 320 T-Modell	seit 03.03
E 220 CDI T-Modell	seit 03.03
E 270 CDI T-Modell	seit 03.03
E 320 CDI T-Modell	seit 03.03
Maybach 62	seit 07.02
Maybach 57	seit 10.02
CLK 270 CDI Cabriolet	seit 03.03
CLK 200 CGI Cabriolet	seit 03.03
CLK 200 Cabriolet	seit 03.03
CLK 240 Cabriolet	seit 03.03
CLK 320 Cabriolet	seit 03.03
CLK 55 AMG Cabriolet	seit 03.03
SLR-McLaren	seit 04.04
SLK 200 Kompressor	seit 04.04
SLK 350	seit 04.04
SLK 55 AMG	seit 04.04